案例名称：方形图标的绘制
效果文件：第3章\Complete\方形图标的绘制.psd
视频文件：视频\第3章\方形图标的绘制.swf

案例名称：Windows系统启动图标
效果文件：第3章\Complete\Windows系统启动图标.psd
视频文件：视频\第3章\Windows系统启动图标.swf

案例名称：圆形图标的绘制
效果文件：第3章\Complete\圆形图标的绘制.psd
视频文件：视频\第3章\圆形图标的绘制.swf

案例名称：圆角矩形图标的绘制
效果文件：第3章\Complete\圆角矩形图标的绘制.psd
视频文件：视频\第3章\圆角矩形图标的绘制.swf

案例名称：自定义形状图标的绘制
效果文件：第3章\Complete\自定义形状图标的绘制.psd
视频文件：视频\第3章\自定义形状图标的绘制.swf

案例名称：组合图形图标的绘制
效果文件：第3章\Complete\组合图形图标的绘制.psd
视频文件：视频\第3章\组合图形图标的绘制.swf

案例名称： 移动设备电池图标绘制
效果文件： 第3章\Complete\移动设备电池图标绘制.psd
视频文件： 视频\第3章\移动设备电池图标绘制.swf

案例名称： 安卓系统启动图标
效果文件： 第3章\Complete\安卓系统启动图标.psd
视频文件： 视频\第3章\安卓系统启动图标.swf

案例名称： iOS系统启动图标
效果文件： 第3章\Complete\iOS系统启动图标.psd
视频文件： 视频\第3章\iOS系统启动图标.swf

案例名称： 具有设计性的开关图标
效果文件： 第3章\Complete\具有设计性的开关图标.psd
视频文件： 视频\第3章\具有设计性的开关图标.swf

案例名称： 具有设计性的音乐旋钮图标
效果文件： 第3章\Complete\具有设计性的音乐旋钮图标.psd
视频文件： 视频\第3章\具有设计性的音乐旋钮图标.swf

精彩案例展示

案例名称： 蓝绿色系图标
效果文件： 第3章\Complete\蓝绿色系图标.psd
视频文件： 视频\第3章\蓝绿色系图标.swf

案例名称： 应用类纯色形状扁平化图标
效果文件： 第4章\Complete\应用类纯色形状扁平化图标.psd
视频文件： 视频\第4章\应用类纯色形状扁平化图标.swf

案例名称： 生活类纯色形状扁平化图标
效果文件： 第4章\Complete\生活类纯色形状扁平化图标.psd
视频文件： 视频\第4章\生活类纯色形状扁平化图标.swf

案例名称： Windows XP操作系统的扁平化图标
效果文件： 第4章\Complete\Windows XP操作系统的扁平化图标.psd
视频文件： 视频\第4章\Windows XP操作系统的扁平化图标.swf

案例名称： 立体透明图标制作
效果文件： 第5章\Complete\立体透明图标制作.psd
视频文件： 视频\第5章\立体透明图标制作.swf

案例名称： 立体毛绒图标制作
效果文件： 第5章\Complete\立体毛绒图标制作.psd
视频文件： 视频\第5章\立体毛绒图标制作.swf

案例名称： 逼真质感图标
效果文件： 第5章\Complete\逼真质感图标.psd
视频文件： 视频\第5章\逼真质感图标.swf

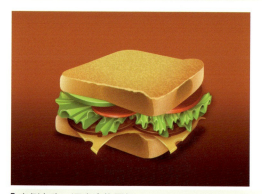

案例名称： 逼真食物图标
效果文件： 第5章\Complete\逼真食物图标.psd
视频文件： 视频\第5章\逼真食物图标.swf

案例名称： 金属质感写实图标
效果文件： 第5章\Complete\金属质感写实图标.psd
视频文件： 视频\第5章\金属质感写实图标.swf

案例名称： 逼真生活物品图标
效果文件： 第5章\Complete\逼真生活物品图标.psd
视频文件： 视频\第5章\逼真生活物品图标.swf

案例名称：矢量牌游质感风格图标
效果文件：第6章\Complete\矢量牌游质感风格图标.psd
视频文件：视频\第6章\矢量牌游质感风格图标.swf

案例名称：矢量趣味涂鸦图标
效果文件：第6章\Complete\矢量趣味涂鸦图标.psd
视频文件：视频\第6章\矢量趣味涂鸦图标.swf

案例名称：可爱游戏涂鸦风格图标
效果文件：第6章\Complete\可爱游戏涂鸦风格图标.psd
视频文件：视频\第6章\可爱游戏涂鸦风格图标.swf

案例名称：可爱动画涂鸦风格图标
效果文件：第6章\Complete\可爱动画涂鸦风格图标.psd
视频文件：视频\第6章\可爱动画涂鸦风格图标.swf

案例名称：手绘涂鸦界面图标
效果文件：第6章\Complete\手绘涂鸦界面图标.psd
视频文件：视频\第6章\手绘涂鸦界面图标.swf

案例名称：手绘相机应用图标
效果文件：第6章\Complete\手绘相机应用图标.psd
视频文件：视频\第6章\手绘相机应用图标.swf

案例名称：手绘导航应用图标
效果文件：第6章\Complete\手绘导航应用图标.psd
视频文件：视频\第6章\手绘导航应用图标.swf

案例名称：手机App图标
效果文件：第7章\Complete\手机App图标.psd
视频文件：视频\第7章\手机App图标.swf

案例名称：苹果手机App图标
效果文件：第7章\Complete\苹果手机App图标.psd
视频文件：视频\第7章\苹果手机App图标.swf

案例名称：移动iPad应用
效果文件：第7章\Complete\移动iPad应用.psd
视频文件：视频\第7章\移动iPad应用.swf

精彩案例展示

案例名称： 电脑桌面应用
效果文件： 第7章\Complete\电脑桌面应用.psd
视频文件： 视频\第7章\电脑桌面应用.swf

案例名称： 手机App应用
效果文件： 第7章\Complete\手机App应用.psd
视频文件： 视频\第7章\手机App应用.swf

案例名称： 移动iPad图标
效果文件： 第7章\Complete\移动iPad图标.psd
视频文件： 视频\第7章\移动iPad和图标.swf

案例名称： 电脑桌面的系统图标
效果文件： 第7章\Complete\电脑桌面的系统图标.psd
视频文件： 视频\第7章\电脑桌面的系统图标.swf

案例名称： 矢量插画主题图标
效果文件： 第7章\Complete\矢量插画主题图标.psd
视频文件： 视频\第7章\矢量插画主题图标.swf

案例名称： 矢量插画主题电脑主题应用
效果文件： 第7章\Complete\矢量插画主题电脑主题应用.psd
视频文件： 视频\第7章\矢量插画主题电脑主题应用.swf

创意 UI

Photoshop 玩转图标设计

Art Eyes设计工作室 编著

第2版

人民邮电出版社
北 京

图书在版编目（ＣＩＰ）数据

创意UI：Photoshop玩转图标设计 / Art Eyes设计工作室编著. -- 2版. -- 北京：人民邮电出版社，2017.12
　ISBN 978-7-115-46425-5

Ⅰ. ①创… Ⅱ. ①A… Ⅲ. ①图象处理软件 Ⅳ. ①TP391.413

中国版本图书馆CIP数据核字(2017)第226993号

内 容 提 要

本书通过案例的方式介绍了如何使用Photoshop进行图标设计，全书分为7章，每章都包括丰富的图标设计知识和详细的设计制作讲解。从轻松迈向图标王国、掌控图标创意原则、图标设计与软件操作、扁平化图标设计、质感图标的设计、涂鸦风格图标设计到玩转图标应用和附录逐一讲解，使读者由浅入深，逐步了解使用Photoshop制作图标的整体设计思路和制作过程。以一个逐渐深化的方式为用户呈现设计中的重点门类和制作方法，使读者全面且深入地掌握各种类别的图标设计案例。

本书内容专业简练，操作案例精美实用、讲解详尽，适合 UI 设计爱好者与设计专业的大中专学生阅读使用。随书附赠教学资源，包括书中所有案例的教学视频、素材和源文件，用于补充书中遗漏的细节内容，方便读者学习和参考。

◆ 编　著　Art Eyes 设计工作室
　责任编辑　张丹阳
　责任印制　陈　犇

◆ 人民邮电出版社出版发行　北京市丰台区成寿寺路 11 号
　邮编 100164　电子邮件 315@ptpress.com.cn
　网址　https://www.ptpress.com.cn
　涿州市般润文化传播有限公司印刷

◆ 开本：880×1230　1/20
　印张：15.4　　　　　彩插：4
　字数：550 千字　　　2017 年 12 月第 2 版
　　　　　　　　　　　2024 年 8 月河北第 16 次印刷

定价：79.00 元

读者服务热线：(010)81055410　印装质量热线：(010)81055316
反盗版热线：(010)81055315
广告经营许可证：京东市监广登字 20170147 号

软件简介

Adobe Photoshop CS6 是 Adobe 公司旗下最为出名的图像处理软件之一，集图像扫描、编辑修改、动画制作、图像制作、广告创意、图像输入与输出于一体，深受广大平面设计人员和电脑美术爱好者的喜爱。

本书内容导读

本书主要针对图标设计中常用的案例由浅入深地进行讲解。本书内容包括轻松迈向图标王国、掌控图标创意原则、图标设计与软件操作、扁平化图标设计、质感图标的设计、涂鸦风格图标设计、玩转图标应用和附录。每章都包含设计师多年来的研究，特别筛选了在设计工作中最常遇到的平面设计经典案例，使用通俗易懂的语言将制作过程清晰地向读者展示出来。本书能有效地帮助读者轻松面对图标设计工作中各种不同的需求。

本书特点

本书是由资深的平面设计师总结其多年来对图标的设计制作经验而编写完成的，主要讲述了图标设计的各项重要功能以及应用方法。全书在讲解上全面且深入，在内容编排上新颖而突出，图标设计和图标应用的完美结合更是让本书的实用性大大加强。

适合人群

本书在案例制作中运用了 Photoshop CS6 软件的各种绘图功能、图像效果，适合初、中级平面设计爱好者及设计师作为参考和自学用书，此外，它也非常适合从事平面设计、UI 设计等的专业人士学习参考。

资源下载

本书配套资源

本书提供学习下载资源，扫描"资源下载"二维码即可获得文件下载方式。内容包括本书所有中小案例及实战的素材文件、效果文件和 45 段高清视频。

作者

目 录

第 1 章 轻松迈向图标王国

1.1 图标入门   8
- 1.1.1 什么是图标   8
- 1.1.2 图标与标志的区别   9
- 1.1.3 常见移动应用图标   10
- 1.1.4 常见电脑应用图标   11

1.2 图标设计的意义和作用   12
- 1.2.1 什么是图标   12
- 1.2.2 图形内在含义   13
- 1.2.3 图标设计的作用   15

1.3 图标的像素分辨   17
- 1.3.1 Windows 7 操作系统的图标像素分辨   17
- 1.3.2 Windows 10 操作系统的图标像素分辨   18
- 1.3.3 安卓操作系统的图标像素分辨   19
- 1.3.4 iOS 7 操作系统的图标像素分辨   21

1.4 常见图标的标准尺寸   22
- 1.4.1 常见移动操作系统的图标标准尺寸   22
- 1.4.2 常见电脑操作系统的图标标准尺寸   24

1.5 图标的设计要素和结构   25
- 1.5.1 图标型的把握   26
- 1.5.2 图标大小和颜色   27
- 1.5.3 透视、光源与阴影   28
- 1.5.4 元素的组合   28
- 1.5.5 视觉均衡   29

1.6 那些你不知道的图标分类   30
- 1.6.1 PNG 格式图标   30
- 1.6.2 ICO 格式图标   31
- 1.6.3 ICL 格式图标   31
- 1.6.4 IP 格式图标   31

1.7 制作图标的常用软件   32
- 1.7.1 Photoshop CS6   32
- 1.7.2 Illustrator CS6   34

第 2 章 掌控图标创意原则

2.1 图标制作的原则   36
- 2.1.1 可识别性原则   36
- 2.1.2 差异性原则   37
- 2.1.3 合适的精细度和元素个数原则   38
- 2.1.4 风格统一性原则   38
- 2.1.5 原创性原则   39

2.2 图标的创意   40
- 2.2.1 界面需求   40
- 2.2.2 图标的创意元素   42
- 2.2.3 创意图标的特点   43

2.3 图标设计草图的绘制和渲染   46
- 2.3.1 图标的设计方法及技巧   47
- 2.3.2 图标视觉分析   48
- 2.3.3 最终草图定稿   49

  2.3.4 草图渲染   49
2.4 图标的视觉分析和效果   **50**
  2.4.1 用户体验   53
  2.4.2 图标的可识别性   56
  2.4.3 图标设计的连续性   60

第 3 章 图标设计与软件操作
3.1 基础图形绘制图标中的元素   **62**
  3.1.1 圆形图标的绘制   63
  3.1.2 方形图标的绘制   66
  3.1.3 圆角矩形图标的绘制   69
  3.1.4 组合图形图标的绘制   73
  3.1.5 自定义形状图标的绘制   76
3.2 让人过目不忘的简单生活图标   **79**
  3.2.1 移动设备电池图标绘制   80
  3.2.2 安卓系统启动图标   83
  3.2.3 iOS 系统启动图标   86
  3.2.4 Windows 系统启动图标   87
3.3 具有设计性的图标制作   **90**
  3.3.1 具有设计性的开关图标   91
  3.3.2 具有设计性的音乐旋钮图标   95
  3.3.3 具有设计性的导航栏图标的绘制   99
3.4 色彩斑斓的图标   **104**
  3.4.1 粉嫩色系图标   106
  3.4.2 蓝绿色系图标   109
  3.4.3 暖色调图标   112

第 4 章 扁平化图标设计
4.1 纯色形状扁平化图标   **120**
  `实战 1` 应用类纯色形状扁平化图标   120
  `实战 2` 生活类纯色形状扁平化图标   123
4.2 Windows XP 操作系统的扁平化图标   **126**

第 5 章 质感图标的设计
5.1 质感立体图标设计   **131**
  `实战 1` 立体透明图标制作   131
  `实战 2` 立体毛绒图标制作   136
5.2 质感写实图标设计   **141**
  `实战 1` 逼真质感图标   141
  `实战 2` 逼真食物图标   153
  `实战 3` 金属质感写实图标   164
  `实战 4` 逼真生活物品图标   169

第 6 章 涂鸦风格图标设计
6.1 矢量涂鸦风格图标   **178**
  `实战 1` 矢量牌游质感风格图标   178
  `实战 2` 矢量趣味涂鸦图标   185
6.2 可爱动画涂鸦风格图标   **193**
  `实战 1` 可爱游戏涂鸦风格图标   193

	实战 2 可爱动画涂鸦风格图标	197
6.3 手绘涂鸦界面图标		**204**
	实战 1 手绘涂鸦界面图标	204
	实战 2 手绘相机应用图标	211
	实战 3 手绘导航应用图标	216

第 7 章 玩转图标应用

7.1 移动应用和图标		**228**
	实战 1 手机 App 应用和图标	228
	实战 2 苹果手机 App 应用和图标	238
	实战 3 移动 iPad 应用和图标	252
7.2 电脑桌面应用图标		**268**
	实战 1 电脑桌面图标	268
	实战 2 矢量插画主题电脑应用和图标	282

附录

01 资源共享		**293**
	移动 App 精致图标欣赏	293
	电脑桌面精致图标欣赏	296
	你所需要的图标分层素材共享	298
02 移动 App 图标与应用的关系		**301**
	发现图标	301
	App 从图标到应用	303
03 图标设计中的 10 种错误		**304**

第1章
轻松迈向图标王国

初入图标的世界，在这一章中我们将会对图标入门、图标设计的意义和作用、图标的像素分辨、常见图标的标准尺寸、图标的设计要素和结构、那些你不知的图标分类以及制作图标的常用软件等图标设计的基础知识进行了解，使读者对移动 UI 设计有一个简单且清晰的了解，为后面我们学习和制作精美优秀的图标设计打下良好的基础。

1.1 图标入门

先让我们来简单地了解一下图标的基本知识,其中要为大家讲解什么是图标、图标与标志的区别、常见移动应用图标和常见电脑应用图标,使读者在学习图标入门的同时对图标设计有一个基本的认识和了解。

1.1.1 什么是图标

图标是具有明确指代含义的计算机图形。其中,桌面图标是软件标识,界面中的图标是功能标识。下面让我们来欣赏一下移动图标、电脑图标以及生活中常见的一些图标,看看它们有什么特点和不同。

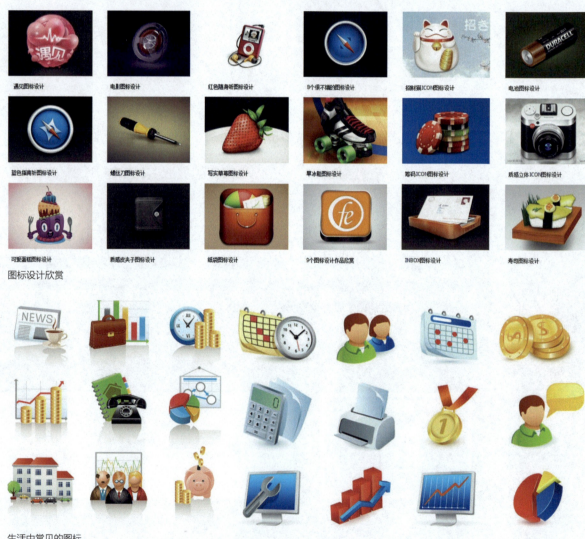

图标设计欣赏

生活中常见的图标

1.1.2 图标与标志的区别

标志是指具有指代意义的图形符号,具有高度浓缩并快捷传达信息、便于记忆的特性。标志的应用范围很广,软硬件、网页、社交场所、公共场合无所不在。

标志

图标应用于计算机软件方面,包括:程序标识、数据标识、命令选择、模式信号或切换开关、状态指示等。一个图标是一个小的图片或对象,代表一个文件、程序、网页或命令。图标有助于用户快速执行命令和打开程序文件,单击或双击图标可执行一个命令。图标也用于在浏览器中快速展现内容。

图标

> **小编分享**
>
> 图标有一套标准的大小和属性格式,且通常是小尺寸的。每个图标都含有多张显示相同内容的图片,每一张图片具有不同的尺寸和发色数。一个图标就是一套相似的图片,每一张图片有不同的格式。从这一点上说图标是三维的。图标还有另一个特性:它含有透明区域,在透明区域内可以透出图标下的桌面背景。在结构上图标其实和麦当劳的巨无霸汉堡差不多。一个图标是多张不同格式的图片的集合体,并且还包含了一定的透明区域。因为计算机操作系统和显示设备的多样性,导致了图标的大小需要有多种格式。

1.1.3 常见移动应用图标

云计算时代的到来，使得企业信息化这一话题又有了新的生命。在云端的服务性能不断增强之外，最显著的特征就是在终端的精彩表现。单纯用 PC 来使用 ERP 的时代将一去不复返。以手机、平板电脑介质为代表的移动终端应用将为企业信息化带来巨大变革。移动应用图标便是其中最有力的代表。常见的移动应用图标包含了手机 App 和平板 iPad 移动应用图标。

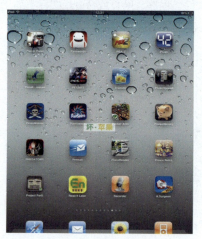

1 手机App界面图标
2 iPad界面图标

设计欣赏

移动设备图标

1.1.4 常见电脑应用图标

桌面上除系统图标以外的图标都是应用程序图标。电脑应用图标是另外装的,并带有小箭头。常见的电脑应用图标包括Word、Excel、媒体播放器、游戏、各种应用软件等。

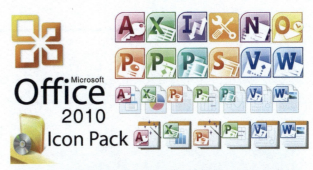

1 Office图标
2 媒体播放器图标
3 各种应用软件图标

设 计 欣 赏

电脑游戏图标

1.2 图标设计的意义和作用

图标设计不仅能够有效地为设计者传播信息与内涵，而且对 UI 有着重要的意义，在这里简单地向大家介绍在设计 UI 图标的时候图标设计的意义和作用。

1.2.1 什么是图标

图形用户界面这个概念诞生于 1970 年施乐完成的第一个 WIMP 演示，使得计算机用户界面从字符发展过渡到了图形时代。纵观受人瞩目的苹果系统与大众化受益者的微软视窗系统，图形用户界面呈现出层出不穷的变化。面对这些精彩纷呈、感性与理性兼备的图形界面设计，图标元素无疑起着不可忽视的作用。

图形标识

接下来我们来认识一下 ICO 图标。ICO 图标广义上指所有有指示作用的标志，在中文中一般指电脑桌面上用来指示用户运行各种操作的图像，是字符显示的重要辅助。图标多数都是一个正方形的像素矩阵，大小从 16 像素 ×16 像素到 256 像素 ×256 像素不等。也有一些系统可以使用矢量的图标，甚至是一些大至 512 像素 ×512 像素的图像矩阵。下面几张图片展示的就是网站上制作得十分精美的 ICO 图标。

随着发展,图标总体呈现出时代性与个性化的视觉符号形态:大图标尺寸被普遍运用;精致、细节、艺术个性化;材质趋于模拟还原真实自然,即拟物化;剪影图标将越发精致小巧;iOS 移动端 App 图标在众多优秀作品中披上了强烈设计感的圆角状外衣。

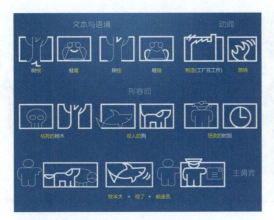 

图标的视觉语言

1.2.2 图形内在含义

1. 色彩设计

由于 UI 的受众十分广泛且不确定,加上技术架构的特点,我们不能也不想对最终用户要求什么。因此,充分保证设计的易曲性,即在各种复杂环境下都要保证"可用"且不出现严重的视觉干扰,这是每一名 Web UI 设计师在进行视觉设计时首先应该把握好的一个尺度。

UI图标的色彩统一性

2. 构图和视觉风格设计

操作系统是桌面用户界面设计的领头军，换言之，UI设计师在进行桌面UI设计时，首先应该考虑的就是操作系统环境。而往往，某个特定软件环境下的桌面应用，UI也是有诸多限制的。这个限制，就是系统固有的交互风格设定。

极具风格的个人网页设计

3. 图标、CSS、结构与表现分离

图标按其创作风格，大致可分为两种：矢量图标和像素图标。在没有Alpha通道的几年前，图标几乎都是像素风格的，生硬而简洁，但是十分耐看。近年来，随着Alpha通道逐渐普及，图标开始变得越来越绚丽、越来越写实。设计师们为了创造出更加绚丽的图标，逐渐改用矢量设计软件来进行创作。

具有超写实风格的图标设计

小编分享

UI中的图标和桌面应用的图标有着固有的本质区别，因此，照搬桌面UI的设计往往会将用户引入错误的习惯当中，使用户想当然地认为UI就应该那样去做，这对Web是不公平的，对UI设计更是极大的讽刺。

1.2.3 图标设计的作用

可爱的图标可以给我们的设计工作增加亮点。图标设计已经发展成为一个巨大的产业,因为它们能给设计带来很多优势。它们可以为标题添加视觉引导、可以用作按钮、可以用来分隔页面、可以做整体修饰、可以使网站更显专业、可以增强网站交互性。

可爱图标设计欣赏

图标作为 UI 设计中决定性的元素,在内容区使用可以为页面增加"空隙"。ICO 图标可用来分隔内容,并且给读者视觉引导。研究表明,大多数访客第一次浏览内容就会立马决定哪些内容要去阅读。访客点击链接,然后离开他们不喜欢的页面,进入感兴趣的版块。

优秀图标设计欣赏

设计欣赏

优秀图标设计

图标设计让你的布局不再生硬，把整体分割成容易阅读和理解的众多块，每一块都内容丰富而充满魅力，吸引着访客来点击阅读。图标是增强内容的工具，所以不要让它吸引了访客所有的注意力而忽略了内容。精心挑选一些样式和寓意都与内容紧密相连的图标很重要。

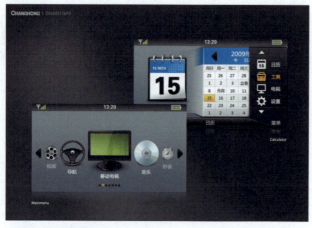

图标在界面上的布局

错误设计的列表看起来很糟糕，它打乱了整个页面布局，分散了内容的吸引力，就像网站被抠了一个白色的洞出来。ICO图标一如既往地是布局助手，可以从图标库中选取一个合适的图标来加强列表。

扁平化图标界面布局

> **小编分享**
>
> 设计精美的ICON图标总会给你的产品展示版块增添亮点。在产品链接旁边加一个ICON图标会给访客一个很好的暗示，即使不看内容也清楚您所提供的产品的一些特性。这种办法可以让您的产品和与众不同的ICON有机结合成一个整体。

1.3　图标的像素分辨

平常我们用操作系统时，都会遇到各种各样的图标，系统在显示一个图标时，会按照一定的标准选择图标中最适合当前显示环境和状态的图像。图标设计中分辨率越高，效果越好。

像素分辨率低的图标

像素分辨率高的图标

像素分辨率超高的图标

1.3.1　Windows 7 操作系统的图标像素分辨

　　Windows 7 操作系统中，图标包括 256 像素 ×256 像素，128 像素 ×128 像素，64 像素 ×64 像素，32 像素 ×32 像素，16 像素 ×16 像素等，不同尺寸的图标是为了保证再更改系统分辨率时能更好的适配。

> **小编分享**
> 自制的ICO格式的图片，需要将图标的不同尺寸都制作出来，如果只是制作了一种尺寸，那图标就无法根据显示改变大小。

1.3.2 Windows 10 操作系统的图标像素分辨

Windows 10 操作系统中的图标和之前 Windows 系统图标的风格有了很大的变化，这些图标都严格贯彻了扁平化的思路。图标格式为：32 位色深，256 像素 ×256 像素大小。

小编分享

从 Windows 8 开始，微软摒弃了 Windows 7 的 Aero 桌面视觉体验，更换成了更加简洁明了的 Metro 风格操作界面，桌面图标也变成了扁平化的设计。而 Windows 10 延续了这个设计风格，将图标的整体风格更加的统一。在我们制作图标时，可以先在矢量程序中完成图标绘制，再用 Adobe Photoshop 进行处理可使图像更加完美。本指南是专为设计者编写的。在创建图像时，建议您与高水平的图形设计者一起工作，尤其是具有丰富的矢量和 3D 程序经验的图形设计者。

1.3.3 安卓操作系统的图标像素分辨

目前移动平台的竞争日益激烈，友好的用户界面可以帮助提高用户体验满意度，图标ICON是用户界面中一个重要的组成部分，下面我们来研究和学习一下Android系统的图标设计像素分辨。

Android系统的图标设计

由于同一个UI元素在高精度的屏幕上比低精度的屏幕上看起来要小，为了让这两个屏幕上的图片看起来效果差不多，可以采用程序将图片进行缩放，但是效果较差。Android系统为这两个精度屏幕的手机各提供了一个图片。

界面上的安卓图标

但是屏幕的参数多样化，如果为每一个精度的屏幕都设计一套ICON图标，工作量大并且不能满足程序的兼容性要求，这就势必要对屏幕进行分级，如在160dpi和180dpi的手机屏幕上采用同一套ICON图标，当这套ICON图标在240dpi的手机屏幕上的效果满足不了设计要求时，就需要另做一套稍大些的ICON图标。

> **小编分享**
>
> 在Android 1.5以及更早的版本中，只支持3.2″屏幕上的HVGA (320×480)分辨率，开发人员也不需要考虑界面的适配性问题。从Android 1.6之后，平台支持多种尺寸和分辨率的设备，这也就意味着开发人员在设计时要考虑到屏幕的多样性。

1. 图片缩放

基于当前屏幕的精度，平台自动加载任何未经缩放的限定尺寸和精度的图片。如果图片不匹配，平台会加载默认资源并且在放大或者缩小之后可以满足当前界面的显示要求。

购物图标ICON设计UI欣赏

2. 自动定义像素尺寸和位置

如果程序不支持多种精度屏幕，平台会自动定义像素绝对位置和尺寸值等，这样就能保证元素能和精度 160 的屏幕上一样能显示出同样尺寸的效果。

3. 兼容更大尺寸的屏幕

当屏幕超过程序所支持屏幕的上限时，定义 supports-screens 元素，这样超出显示的基准线时，平台在此显示黑色的背景图。但为了达到最佳的显示效果，最好的方法还是设计多套图片。那就有必要对所有的屏幕依据精度值进行分级（高中低）三套 ICO 图标。

兼容更大尺寸的屏幕图标

小编分享

Android标准ICON，符合当下的流行趋势，避免过度使用隐喻、高度简化和夸张，小尺寸图标也能易于识别，不宜太复杂。尝试抓住程序的主要特征，比如音像作为音乐的ICON、使用自然的轮廓和形状，看起来几何化和有机化、不失真实感。ICON采用前视角，几乎没有透视，光源在顶部，不光滑但富有质感。

1.3.4 iOS 10 操作系统的图标像素分辨

每一个应用程序都需要一个应用程序图标和启动图像。此外，一些应用程序需要自定义的图标来表示特定于应用程序的内容、功能，或在导航栏、工具栏和标签栏模式。不像其他的定制艺术品在您的应用程序的图标和图像必须满足特定的标准，因此，iOS 可以正确显示。

设备	App Store	程序应用	主屏幕	spotlight搜索	标签栏	工具栏和导航栏
iPhone7 plus	1024*1024px	180*180px	144×144px	87×87 px	75*75px	66*66px
iPhone7	1024*1024px	120*120px	144×144px	58*58px	75*75px	44*44px
iPhone6s plus	1024*1024px	180*180px	144×144px	87×87 px	75*75px	66*66px
iPhone6s	1024*1024px	120*120px	144×144px	58*58px	75*75px	44*44px
iPhone6 plus	1024*1024px	180*180px	144×144px	87×87 px	75*75px	66*66px
iPhone6	1024*1024px	120*120px	144×144px	58*58px	75*75px	44*44px
iPhone5/5s/5c	1024*1024px	120*120px	144×144px	58*58px	75*75px	44*44px
iPhone4/4s	1024*1024px	120*120px	144×144px	58*58px	75*75px	44*44px
iPad3/4/Air/Air2/mini2	1024*1024px	180*180px	144×144px	100*100px	50*50px	44*44px
iPad1/2	1024*1024px	90*90px	72*72px	50*50px	25*25px	22*22px

自定义图标和图像尺寸

2015 年 11 月，Google Analytics 追踪相关访问数据发现，搭载 iOS 10 的设备在 10 月末至 11 月初的几周内活跃程度显著上升，而在此之前则基本处于低活跃度的稳定状态，这意味着 iOS 10 这个版本的系统已进入快速开发与测试阶段。

2016 年 6 月，苹果系统 iOS 10 正式亮相，苹果为 iOS 10 带来了十大项更新。2016 年 6 月 13 日，苹果开发者大会 WWDC16 在旧金山召开，会议宣布 iOS 10 的测试版在 2016 年夏天推出，正式版将在秋季发布。2016 年 9 月 7 日，苹果发布 iOS 10，2016 年 9 月 14 日苹果发布 iOS 10 正式版。

iOS 10 图标

1.4 常见图标的标准尺寸

系统图标常用规格是：16×16、24×24、32×32、48×48、256×256，下面将通过常见移动操作系统的图标标准尺寸以及常见电脑操作系统的图标标准尺寸来为大家讲解常见图标的标准尺寸方面的知识。

1.4.1 常见移动操作系统的图标标准尺寸

iPhone 4 和 iPod Touch 4 有一个新的特性：在屏幕尺寸不变的前提下，分辨率提升一倍（从 320×480 提升到 640×960）。苹果将这个特性命名为 Retina。

1

尺寸	文件名	用途	是否必须	备注
512×512	iTunesArtwork	Ad Hoc iTunes	可选，但建议加入	文件应该是PNG格式，但文件名不要使用.png后缀。
57×57	Icon.png	iPhone/iPod touch的App Store和主屏幕（Home screen）	必须	无
114×114	Icon@2x.png	高分辨率的iPhone 4主屏幕	可选，但建议加入	无
72×72	Icon-72.png	主屏幕，为了兼容iPad	可选，但建议加入	无
29×29	Icon-Small.png	Spotlight和设置App	可选，但建议加入	无
50×50	Icon-Small-50.png	Spotlight，为了兼容iPad	如果App有设置程序包，那么建议加入。否则可选，但建议加入。	无
58×58	Icon-Small@2x.png	高分辨率的iPhone 4的Spotlight和设置App	如果App有设置程序包，那么建议加入。否则可选，但建议加入。	无

2

尺寸	文件名	用途	是否必须	备注
512×512	iTunesArtwork	Ad Hoc iTunes	可选，但建议加入	文件应该是PNG格式，但文件名不要使用.png后缀。
57×57	Icon.png	iPhone/iPod touch的App Store和主屏幕（Home screen）	必须	无
114×114	Icon@2x.png	高分辨率的iPhone 4主屏幕	可选，但建议加入	无
72×72	Icon-72.png	iPad的App Store和主屏幕	必须	无
29×29	Icon-Small.png	iPad和iPhone的设置App，iPhone的Spotlight	如果App有设置程序包，那么建议加入。否则可选，但建议加入。	无
50×50	Icon-Small-50.png	iPad的Spotlight	可选，但建议加入	无
58×58	Icon-Small@2x.png	高分辨率的iPhone 4的Spotlight和设置App	如果app有设置程序包，那么建议加入。否则可选，但建议加入。	无

3

尺寸	文件名	用途	是否必须
512×512	iTunesArtwork	Ad Hoc iTunes	可选，但建议加入
72×72	Icon-72.png	iPad的App Store和主屏幕	必须
50×50	Icon-Small-50.png	iPad的Spotlight	可选，但建议加入。
29×29	Icon-Small.png	iPad的设置App	如果App有设置程序包，那么建议加入。否则可选，但建议加入。

表格三：Universal的App图标要求

4

尺寸单位是px，宽x高。
iPhone/iPod Touch的启动画面是全尺寸，iPad的则要去掉"状态栏"（Status bar）的高度（20px）。
iPad的启动画面是分模式的：竖排（portrait）和横排模式（landscape）。

尺寸	设备	模式
320 x 480	低分辨率iPhone/iPod Touch	竖排和横排
640 x 960	高分辨率iPhone/iPod Touch	竖排和横排
768 x 1004	iPad	竖排
1024 x 748	iPad	横排

1 只支持iPhone的App图标要求
2 Universal的App图标要求
3 只支持iPad的App图标要求
4 启动画面的尺寸

小编分享

图标和启动画面的格式：推荐使用PNG格式，可以是标准的24位颜色（红、绿和蓝各用8位），外加Alpha通道的8位。不要在App图标上使用透明色。苹果有一份完整的文档，列出了App所需的全部图标尺寸，和其各自的使用环境。

Android屏幕图标尺寸规范，程序启动图标有ldpi (120 dpi) 小屏、mdpi (160 dpi) 中屏、hdpi (240 dpi) 大屏、xhdpi (320 dpi) 特大屏，36×36 px、48×48 px、72×72 px、96×96 px。

Android手机上的图标设计

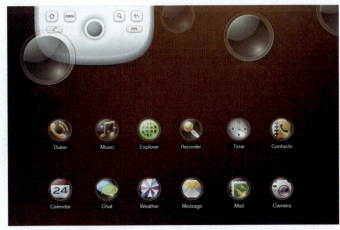

菜单图标

大屏：完整图片（红色）72×72 px、图标（蓝色）48×48 px、图标外边框（粉色）44×44 px。中屏：完整图片 48×48 px、图标 32×32 px、图标外边框 30×30 px。小屏：完整图片 36×36 px、图标 24×24 px、图标外边框 22×22 px。

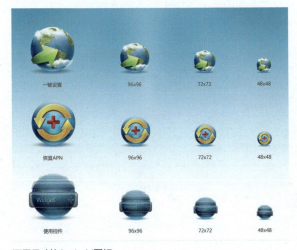

不同尺寸的Android图标

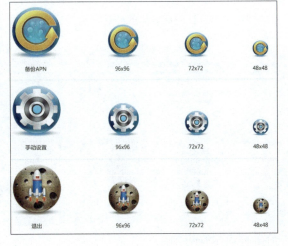

1.4.2 常见电脑操作系统的图标标准尺寸

电脑操作系统的图标都有一套标准的大小和属性格式，且通常是小尺寸的。每个图标都含有多张显示相同内容的图片，每一张图片都具有不同的尺寸和发色数。一个图标就是一套相似的图片，每一张图片有不同的格式。从这一点上说图标是三维的。同一软件下可能含有多个不同的图标，可以通过右键软件 / 快捷方式 / 更改图标进行选择和更改。

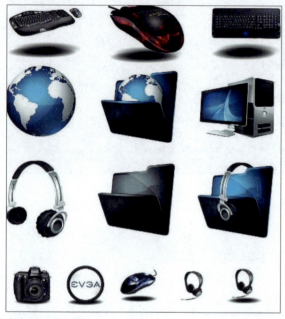
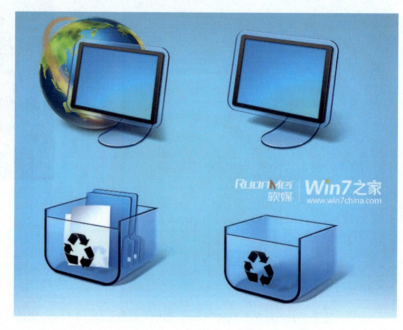

电脑操作系统的图标

华硕电脑自主开发的系统是基于 Linux 开发的简易操作系统，主要面向对电脑操作极不熟悉的用户人群。所以该系统采用了比较写实的图标风格，让图标意思的传达更为准确和直接。

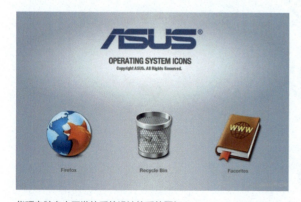

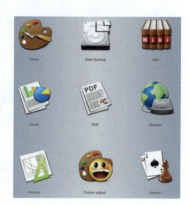

华硕电脑自主开发的系统设计的系统图标

1.5 图标的设计要素和结构

图标设计中,组成图标的基本要素可演绎为点、线、面来检验它们各自的特性与彼此的效用。而"点、线、面"作为最基本的构成要素,在图标设计的造型中,拥有各自的特点。

图标设计欣赏

点不仅是数学的基本概念,也有大小、形状、方向的细微变化的各种属性。在图标设计中,以点的形式制作效果通常起到画龙点睛的效用,因为一些点元素具有聚集视线的作用,因此一些元素的图标,点通常被认为是图标设计点的意思。

在图标设计中线具有切割和领导的作用。在图标设计实践中,在合理使用的基础上,线可以更好地使图标达到预期的目标。因为不同的绘图工具使线元素有不同的特点,在图标设计中,正确使用不同的线条,是传达感情的一个非常有效的方法。

线性图标

面通常是点和线的聚集,在具体的设计实践中,面作为基本建模元素,也是每个元素相互之间的内在联系。例如点既可以形成线的排列,也可以实现点集。不仅如此,由于细微的变化,"点、线、面"不是绝对的,所以在标志设计实践中,使用灵活的基本元素非常的重要。

1.5.1 图标型的把握

图标中型的把握即对于度的把握与调整，我们常用"对比和调和"这两种方法来进行调整，从而达到我们想要的变化与统一。对比和调和是变化与统一的调整手法。统一的环境一旦变化，势必形成对比；要使诸多不同的形式统一起来，势必要采取调和的手法。

图标型的对比把握

通常，我们处理图标时主要有两种状态：大对比，小调和，即总体是对比的格局，局部调和；大调和，小对比，总体上调和，局部存在对比。在平面设计中要取得和谐统一的效果，必须要处理好形象特征的调和、色彩的调和、方向的调和。

图标的统一性

1.5.2 图标大小和颜色

　　图标大小和颜色是图标 UI 设计中非常重要的一部分。手机图标就像电脑图标一样，是一个程序的标记。如照相机、设置、信箱、通讯录等。通常为透明背景的图片如 PNG 格式。手机中一半内置的图标都是经过美化的，后来安装的软件由于是个人制作，一定程度上不是那么完美，包括大小、尺寸、比例等。如果嫌不美观，可以到安装目录比对标准的图标尺寸然后替换，或者用 Photoshop 或其他绘图软件工具设计制作具有一定大小和颜色质感的图标。

不同大小的图标

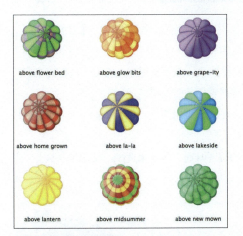 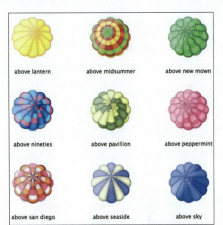 

同样图形不同色彩的表现

色彩鲜艳的图标

1.5.3 透视、光源与阴影

图标的透视、光源与阴影直接关系到图标是否具有一定的立体效果。阴影形成的直接因素是光线，而光线来自光源。光源性质不同，光线投射方式不同，阴影特点也就不一样。光源大体分三类：平行光源，光线为平行光；点光源，又称辐射光，光线呈放射状，物体离光源越近影子范围就越大；漫射光，无一定的照射方向，一般能使物体各部位受光均匀，物体没有明显的影像。

具有立体效果的图标

1.5.4 元素的组合

在图标中，当概念本身在现实世界有直接对应的物理形态时，可以将此形态作为图标主要的造型元素。比如，使用现实生活中的"日历"造型来表达"日历"应用程序，抑或使用现实生活中的"地图"造型来表达"地图"应用程序。

当概念表达一个抽象动作时，可以在造型元素中使用表达其运行机制的指示性符号。比如 iCloud 下载图标，使用云朵加向下箭头的组合来表达"从云端下载"这个概念；火狐同步图标，使用双向箭头表达同步时云端与本地数据的交换机制。

当概念表达一个抽象动作时，可以在造型元素中使用与该动作相关的道具。比如使用磁盘造型来表达"保存"动作，因为磁盘是保存的道具；抑或使用购物车来表达"购买"动作，因为购物车是购买的道具。

在造型中使用与图标语义相关的元素，"刻录"在英文中的表达是 Burning Disk，所以在图标中使用了火焰造型。使用房子表达"主页"，即英文中的 Home Page。

元素的组合图标

当品牌因素至关重要时，在造型元素中使用品牌的语言，Google[+] 的图标使用了 Google 标识的品牌语言，Pinterest 的图标使用了其标识的品牌语言。

组合元素的数量不要太多，多个元素组合成的图标，在缩小后容易造成识别困难的问题，缩小后不易于识别。

图标造型的主体应重复反映其差异性，下面两个图标的造型主体是相似的，而差异性仅仅体现在屏幕内的图形上。当图标缩小后，几乎不能识别两个图标的区别。

当品牌因素至关重要时,在造型元素中使用品牌的语言

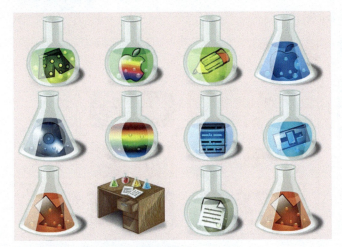 

图标造型的差异性仅仅体现在屏幕内的图形上

1.5.5 视觉均衡

图标的画布空间应符合平台的设计规范和标准,在绝大部分系统平台中(比如 Android 或 iOS),图标画布的标准规格是正方形,而长方形的画布规格非常罕见。

造型构图应尽可能充满画布空间,因为造型元素充满画布空间,会让图标看上去更整体。不当的透视造成的留白可能会破坏整体效果。

符合一般标准　　　不符合标准　　　整体性好　　　整体性差

1.6 那些你不知道的图标分类

在制作图标之前你必须知道那些你不知道的图标分类，下面将通过PNG格式图标、ICO格式图标、ICL格式图标以及IP格式图标这四类为读者讲解图标的分类，希望对读者制作图标提供一定的帮助。

1.6.1 PNG 格式图标

PNG 图标就是使用 PNG 格式创建的图标，PNG 是 20 世纪 90 年代中期开始开发的图像文件存储格式，其目的是试图替代 GIF 和 TIFF 文件格式，同时增加一些 GIF 文件格式所不具备的特性。

PNG格式图标素材

PNG 格式图片因其高保真性、透明性及文件较小等特性，被广泛应用于网页设计、平面设计中。网络通信中因受带宽制约，在保证图片清晰、逼真的前提下，网页中不可能大范围地使用文件较大的 BMP、JPG 格式文件，GIF 格式文件虽然文件较小，但其颜色失色严重，差强人意，所以 PNG 格式文件自诞生之日起就大行其道。

PNG格式图标素材

小编分享

随着PNG图标使用得越来越广泛，PNG图标资源也相对变得丰富起来。现在有较多的网站专门提供PNG图标，并将其作为自己的主营业务，这也在一定程度上帮助了设计师们的工作，避免了因为手边没有设计素材而苦恼。

1.6.2 ICO 格式图标

ICO 格式是 Windows 的图标文件格式的一种，可以存储单个图案、多尺寸、多色板的图标文件。这种文件格式广泛存在于 Windows 系统中的 dll、exe 文件中。这种格式的图标可以在 Windows 操作系统中直接浏览。这种图标有真彩、半透明等特有技术，所以只有 Windows XP 以上的系统才能支持带 Alpha 透明通道的图标。

ICO格式图标素材

1.6.3 ICL 格式图标

ICL 格式图标代表图库标，它是多个图标的集合，一般操作系统不直接支持这种格式的文件，需要借助第三方软件才能浏览。如果需要制作和转换图标，可以试试 Icon Workshop，这一全功能图标编辑软件除了可以让你自由编辑创作各种 XP 样式图标外，还可以在各种图标文件间互相转换。

 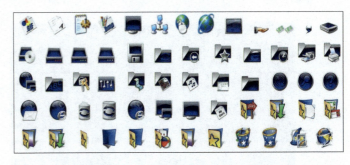

ICL格式图标素材

1.6.4 IP 格式图标

IP 格式图标是我们常用的 Iconpackager 软件的专用文件格式。它实质上是一个改了扩展名的 rar 文件，用 WinRAR 可以打开查看。

1.7 制作图标的常用软件

鉴于现今世界各大企业都已经成功使用图标来强化品牌价值和服务，图标已经完全地融入了我们的生活。因此就会用到制作图标需要的设计软件，下面我们就图标设计常用的软件 Photoshop CS6 和 Illustrator CS6 来进行简单的介绍，后面我们将详细地为大家讲解。

1.7.1 Photoshop CS6

Adobe Photoshop CS6 号称是 Adobe 公司历史上最大规模的一次产品升级，它是一款集图像扫描、编辑修改、图像制作、广告创意、图像输入与输出于一体的图形图像处理软件，深受广大平面设计人员和电脑美术爱好者的喜爱。Adobe Photoshop CS6 是目前最先进和最流行的图像处理软件之一，用它可以使艺术作品的图像或数码照片编辑和操作更有趣。

用 Photoshop 可以设计制作各种智能手机图标，包括常用图形、控件、启动图标以及图片特殊处理等。

使用Photoshop CS6制作的图标

下面让我们来简单地了解一下在 Photoshop CS6 中绘制和制作图标的过程。

基于智能对象的绘制平台，Photoshop CS6 中的智能对象，可以在不损失图像质量的情况下，方便地进行缩放。同时，在智能对象的双画布的绘制平台上，Photoshop CS6 非常适合图标设计师修改和快速地查看图标缩小以后的效果。

首先是绘制线稿，将处理好的草稿粘贴在智能对象中，并处理成线稿。再是铺大色，在建立明暗关系线稿的下面新建一个图层，用来铺上大色调，用大画笔铺上大的色彩对比和大的明暗对比。这一步不需要管细节，只要把颜色关系和敏感关系分好就可以了。大色调铺好之后，就可以强化明暗关系，把体积塑造出来，这一步，主要解决形体结构问题，对形体进行优化，拉开明暗对比。

图标的线稿绘制

图标的铺色绘制

大的形体结构塑造好之后，就可以开始深入刻画了。可以先从最重要的部分刻画，在这里，从线稿最靠前的部分开始刻画，可以在线稿图层上新建一个图层进行绘制。用比较细的笔触来绘制可以将细节的形体表现出来。刻画的过程可以随时保存，以便切换文件查看整体效果，确保每个细节都尽量融合在整体中。

将图标制作得更加精致

1.7.2 Illustrator CS6

　　Adobe Illustrator CS6 全新的追踪引擎可以快速地设计流畅的图案以及对描边使用渐变效果，快速又精确地完成设计。其强大的性能系统提供各种形状、颜色、复杂效果和丰富的排版，用户可以自由尝试各种创意并传达创作理念。Illusttrator CS6 在手机 App 设计中应用得相当广泛。

　　用 Illustrator CS6 也可以制作各种智能手机 UI 常用元素，包括常用图形、控件、启动图标以及图片特殊处理等。

使用Illustrator CS6制作的图标

> **小编分享**
>
> 　　Illustrator CS6是一款专业图形设计工具，提供丰富的像素描绘功能以及顺畅灵活的矢量图编辑功能，能够快速创建设计工作流程。它可以为屏幕或网页或打印产品创建复杂的图形元素。

第2章 掌控图标创意原则

要制作出优秀的图标，掌控图标创意原则至关重要，图标创意决定图标的可识别性和创意性。下面小编将从图标制作的原则、图标的创意、图标设计草图的绘制和渲染以及图标的视觉分析和效果等4个方面来掌控图标创意原则，帮助读者拥有可以独挡一面的图标创意设计思维。

2.1 图标制作的原则

在制作图标时有很多需要注意的原则,包括可识别性原则、差异性原则、合适的精细度和元素个数原则、风格统一性原则、原创性原则等,通过了解图标制作的原则可以更加明确图标的制作目的和制作方式,从而制作更加精良的图标。

2.1.1 可识别性原则

可识别性原则,意思是说图标的图形要能准确表达相应的操作。换言之,就是当用户看到一个图标时,就要明白它所代表的含义,这是图标设计的灵魂。可识别性原则可以当之无愧称为图标设计的第一原则。

简单的具有可识别性的图标

具有可识别性的移动手机界面图标

———— 设计欣赏 ————

好的图标具有可识别性强、简单、直观的特点,即使是不认识字的人,也能立即理解图标的含义。

2.1.2 差异性原则

差异性原则就是如果一个界面上有 6 个图标,用户一眼看上去,要能第一时间感受到它们之间的差异性,这是图标设计中很重要的一条原则,但也是在设计中最容易被忽略的一条。图标和文字相比,它的优越性在于它更直观一些,但如果图标设计失去了差异性,那么图标设计也就失去了意义。

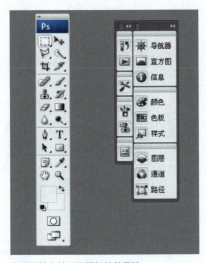

电脑系统上的不同图标的差异性

> **小编分享**
> Adobe Photoshop 的图标是精致、专业图标设计的典范。它完全符合差异性的原则,每个图标一眼望上去,都不一样,并且能够代表所需要的操作,可谓望图知意。

不同手机界面图标的差异性

2.1.3 合适的精细度和元素个数原则

图标的主要作用首先是直观实用能够代替文字,第二才是美观。但现在的图标设计者往往陷入了一个误区,片面地追求精细、高光和质感。其实,图标的可用性随着精细度的变化,呈一个类似于波峰的曲线。在初始阶段,图标可用性会随着精细度的提高而上升,但是达到一定精细度以后,图标的可用性往往会随着图标的精细度提高而下降。

粗糙的图标设计　　　　　　　　　精细的图标设计　　　　　　　　　过于精细的图标设计

2.1.4 风格统一性原则

如果一套图标的视觉设计非常协调统一,我们就说这套图标具有自己的风格,这样的图标看上去会更美丽、更专业,同时也会增强用户的满意度。我们经常看到很多界面堆砌着各种不同风格的图标,显然,这些图标都是从互联网上收集来的,由于没有完全配套的图标,只能东拼西凑,最终导致界面粗制滥造。

风格统一的两组手机图标界面

2.1.5 原创性原则

定义好了风格、草图、调色板,就开始充分发挥你的想象力了。

原创图标欣赏

原创性原则对图标设计师提出了更高的要求,这是一个挑战。但是图标设计的原创性并不是必要的,因为目前常用的图标风格种类已经很多,而易用性较高的风格也就那么多种。过度追求图标的原创性和艺术效果往往会降低图标的易用性,也就是所谓的好看不实用。

下图的"中国风图标"可以说具有原创性,也很美,但是这样的图标做不到望图知意,实际上它已失去了易用性。所以说,原创性与易用性很多时候是一把双刃剑,就看你的选择了。

中国风图标

> **小编分享**
>
> 图标的价值在于它比文字更直观,失去了这一条,就失去了它的意义。追求视觉效果,一定要在保证差异性、可识别性、统一性、协调性原则的基础上,要先满足基本的功能需求,才可以考虑更高层次的要求——情感需求。图标设计的视觉效果,很大程度上取决于设计师的美感和艺术修养,多看、多模仿、多创作。当然还少不了一个前提,那就是设计师的天赋。

2.2 图标的创意

很多设计师的图标制作过程，基本都是偏向技法的介绍，其实在图标设计过程中除了技法之外最重要的就是图标创意了，但这方面的系统介绍很少。下面小编将通过界面需求、图标的创意元素以及创意图标的特点对界面图标制作创意阶段的方法进行讲解，使读者对图标创意有一个设计方向。

优秀创意图标欣赏

2.2.1 界面需求

一个软件界面的元素一般包括界面主颜色、字体颜色、字体大小、界面布局、界面交互方式、界面功能分布、界面输入/输出模式。影响用户对系统友好性评价的元素则有颜色、字体大小、界面布局等，这种划分不是绝对的，软件界面作为一个整体，其中任何一个元素不符合用户习惯、不满足用户要求都将降低用户对软件系统的认可度，甚至影响用户的工作效率，而使用户最终放弃使用系统。围绕界面元素所要达到的设计目的是最终让用户能够获得美感、提高工作效率、易于操作使用系统。

优秀创意图标界面设计欣赏

界面元素的选择、布局设计等方面的研究进行得较多，内容涵盖了人机工程学、认知心理学、美学、色彩理论等方面。界面元素分析必须以用户为中心，它不同于客观功能需求分析，它具有很大的主观性。

UI界面设计

用户角色的需求不同，在目标系统中实现的方法也不同。用户需求是否在目标系统中得到体现，取决于实现用户需求所带来的成本、效益，并不是所有的用户界面需求都会体现在系统界面中。界面同用户联系紧密，在特定情况下，可以利用培训用户的方式使用户满足系统的要求。

Windows 8 metro风格界面设计欣赏

> **小编分享**
>
> 对于大多数用户来说，用户界面就是他们对一个产品的全部了解，所以对他们来说，一个内部设计良好但用户界面不好的应用程序就是一个不好的程序。一个应用程序的用户界面框架是决定它的商业价值的重要因素。

2.2.2 图标的创意元素

图标的创意元素是根据图标设计的需求,确定的图标风格。在界面设计过程中,需要确定项目走什么风格路线,这也是图标设计前期用户研究的内容。公司会指定一些"用户角色",以便用来指导界面视觉风格方向、界面内容建构和交互设计等。

创意图标元素设计

设计师需要在对生活的细微观察中找出物与所指之间的内在含义。这是设计中的困难点,做好一个图标设计不亚于任何好的创意设计,图标制作体现着设计师的能力,特别是现在高分辨率显示设备的大量应用,界面要得到用户的认可,高质量的图标设计必不可少。

 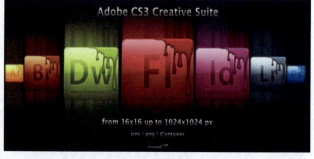

创意图标元素设计

 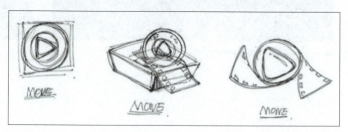

创意图标的草图绘制

2.2.3 创意图标的特点

创意是艺术设计的灵魂，标志设计更注重创新。本文从标志的特征出发，由标志特征引向标志创意策略研究，从而总结归纳标志创意策略的方法。

创意图标欣赏

1. 抽象性

所谓抽象性，是指图标创意是一种从无到有的精神活动。具体地说，就是从无限——有限、无向——有向、无序——有序、无形——有形的思维过程。图标创意在转化为"有"之前，它只是一种内在的、模糊的、隐含的意念，一种看不见、摸不着的感觉或思想，而在转化为"有"之后，它也不能告诉你它是什么东西，它只是一种感受或观念的意象的传达。

抽象图标设计欣赏

2. 广泛性

广泛性是指图标创意普遍存在于广告活动的各个环节。图标创意不仅可以体现在主题的确定、语言的妙用、表现的设计等方面，还可以体现在战略战术的制定、媒体的选择搭配、图标的推出方式等每一个与广告活动有关的细节和要素上。因此，有人提出了大创意的观点。从广义上说，广泛性也是图标创意的重要特点。

常用的服务图标

3. 关联性

关联性是指图标创意必须与图标商品、消费者、竞争者相关联，必须要和促进销售相关联。广告创意魔岛理论的集大成者詹姆斯·韦伯·扬说："在每种产品与某些消费者之间都有其各自相关联的特性，这种相关联的特性就可能导致创意。"找到产品特点与消费者需求的交叉点，是形成图标创意的重要前提。

关联图标欣赏

4. 独创性

古人云:"善出奇者,无穷如天地,不竭如江河。"奇即"超凡脱俗",具有独创性。独创性是图标创意的本质属性。我们平常所说的"独辟蹊径,独具匠心,独树一帜,独具慧眼"等,都是指图标创意的独创性。图标创意必须是一种不同凡响、别出心裁、前所未有的新观念、新设想、新理论,是一种"言前人所未言,发前人所未发"的创举。缺乏创新性的图标,不仅不能使图标本身从图标的汪洋大海里漂浮出来,更无法使图标商品从商品的海洋里漂浮出来。

界面图标的独创性

5. 简洁是另一种复杂

UI设计中的一大特色就是内容的无边框设计,通过间隔和字体使内容产生自发性质的分隔,而不必通过边框等介质。在展示少量内容时,简洁的特性可以很好地体现,但在处理大量内容时,却会表现出"拥挤"。由于没有分隔线,不同的内容之间只能通过留白来分隔,导致文字积压,挤占了屏幕的表现空间,进一步造成了内容的"拥挤"。

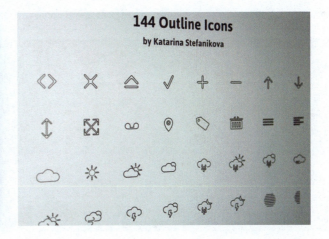

简洁的UI图标设计欣赏

2.3 图标设计草图的绘制和渲染

图标设计师抑或开发工程师,都可以通过自己所绘的草图清晰地表达自己的创意。不用太炫的图画,只需要适当的技巧就可以。

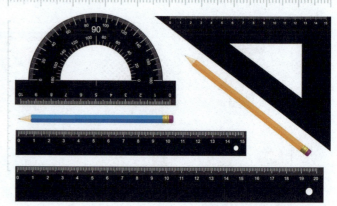

绘制草图之前的准备

小编分享

从视觉角度上讲,即使最完美的草图作品,与真正意义上的"绘画"相比也是相距甚远的。如同你的思维与灵感,草图应该处于一种持续变化的状态,随时可以根据需求进行调整。你确实不必掌握那些真正的绘画技能,不过有相关经验的话自然更好。

初期,使用浅灰色的马克笔勾画轮廓和布局结构;在进入界面元素的细节部分之后,逐渐使用颜色更深的马克笔或钢笔。从浅色开始初步的框架工作,会让事情变得容易些;在这个阶段,犯些错误也无妨,你可以逐步评估和调整想法。把线画得凌乱些也没太大所谓,在接下来的阶段,使用颜色更深的线条逐步完善草图之后,没人会注意到这些早期的浅色轮廓。

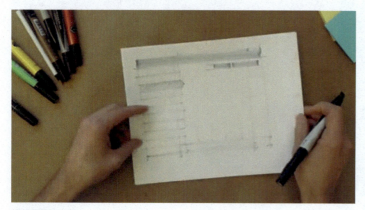

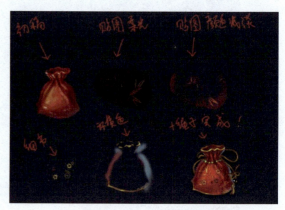

绘制草图的步骤

绘制草图需要具备一定的速写能力,若觉得有困难,直接使用设备的图片做底板也没问题。草图主要是用来表达创意和意义。

速写完整的草图的创意和意义

2.3.1 图标的设计方法及技巧

不同的人对图标的定义是不同的。司机眼中的图标可能是交通指示牌上的指示图形；机械操作员眼中的图标可能是操作面板中按钮上的图案。图标是标志、符号、艺术、照片的结合体，是图形信息的结晶。而今天我们所要说的图标则是在我们生活中接触越来越多的手机应用图标。

1. 图像类

利用实体物品说明应用。例如：Zip-Rar, The Piano Free, Gyro Compass, Camera Genius, bible。

2. 内容类

将应用或游戏的操作方式或是出现的代表性的图形展现出来。例如：Super MarioRun, hay day, Dragon Lords 3D, Aero Strike, Clawbert。

图像类图标　　　　　　　　　　　　　　　　　　内容类图标

3. 比喻类

用其他物体让人们产生对应用的联想方式。例如：全民K歌，摩拜，网络测速大师，Sleep Cyde Alarm Clock，memopad。

4. 标志类

利用本身已有产品或已经深入人心的标识来展现。例如：微博，淘宝，百度地图，The Sims Freeplay，优酷。

比喻类图标　　　　　　　　　　　　　　　　　　标志类图标

2.3.2 图标视觉分析

往往一个图标要表达一定的含义就必须组合不同的形态,借助单个形态所传达的内在信息,拼合在一起去传达另外一种信息。例如在设计"导航"功能图标时候,我们第一反应是与卫星有关,但就以单个卫星的外形来传达导航的含义恐怕不妥,于是再联想与导航有关的信息图示,如"坐标""旗帜""陆地"等。然后经过设计师以视觉平衡原理合理地布置它们之间的主次、空间关系。

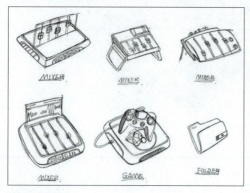 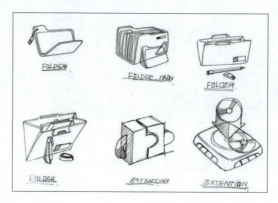 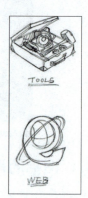

图标的草图欣赏

小编分享

不可随便使用其与要表达功能相关的图形或物体,要经过精心的挑选,最好是大家熟悉、易记的物或形,毕竟我们的目的是要帮助用户更形象地理解计算机程序的内在功能含义,以易记、易懂为前提。也不能借助过多的图形来表达图标含义,过于复杂反而影响用户的理解。

纯平面图标

轻折叠图标

轻质感图标

折纸风图标

有明显投影图标

有厚度图标

2.3.3 最终草图定稿

草图的目的是沟通与分享信息。普通复印纸可以很容易地被贴到墙上，方便项目相关成员围观讨论，探索最佳组合方式，形成视觉与功能的统一以确定最终草图定稿。

草图的最终定稿阶段

2.3.4 草图渲染

我们在进行完前面的步骤之后，觉得可以清楚地表达自己的想法，也能与功能信息密切地吻合了，那就开始我们的草图渲染吧！那么，在草图渲染过程中我们需要运用到哪些工具来制作我们的图标呢？我的回答是，只要能画出来，到达目的，什么都可以，哪怕是手绘后扫描再编辑。一般我们用 Photoshop Illustrator、Firework 等软件来绘制漂亮的图标。

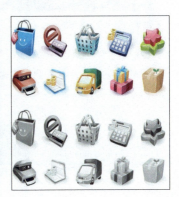

草图的渲染阶段

> **小编分享**
>
> 在绘制草图的过程中应该注意根据建立的不同特征以及特征间的相互关系，确定草图的绘图平面和基本形状。零件的第一幅草图应该以原点定位，以确定特征在空间的位置，每一幅草图应尽量简单，不要包含复杂的嵌套，以有利于草图的管理和特征的修改。自己要非常清楚草图平面的位置，一般情况下可使用"正视于"命令，使草图平面和屏幕平行，复杂的草图轮廓一般应用于二维草图到三维模型的转化操作，正规的建模过程中最好不要复杂的草图。

2.4 图标的视觉分析和效果

　　图标的视觉分析和效果在图标设计中具有画龙点睛的作用。以一枚 App 启动图标的形式展现给使用者，它能传达应用程序的基础信息，并能够给用户带来第一印象感受。它能直接引导用户下载并使用应用程序。UI 设计人员有时设计出来的图标看起来很炫，但是投入市场后却得不到用户的认可，点击率很低。这其中的原因很多，单从视觉设计的层面讲，如何提升 App 软件图标的视觉效果从而提升点击率就要从图标的用户体验、图标的可识别性以及图标设计的连续性三个方面为读者们讲解。

精美的图标设计效果展示

1. 视觉设计要符合平台开发的设计规范性

　　不同的应用平台往往会产生截然不同的设计结果。例如苹果移动平台和 Windows Phone 7 移动平台的视觉规范就有很大不同。

图标设计的规范性

2. 视觉设计要找到共性，抓住个性

分析了解同类的 App 软件及各自图标设计的定位，找到设计方向的共性及其自身软件的独特个性。在 iTunes 里搜索软件关键字会发现有很多相似的图标。从搜索结果中不难发现，哪些 App 软件图标会更吸引用户的关注。

个性图标设计

3. 视觉设计要力求设计表现的完整性

明确任务，大胆设计；简化设计元素（主图形、辅助图形），突出设计主题；层次分明，不刻意追求质感。

完整的图标设计

小编分享

App软件图标的设计要重视App图标视觉设计的层次感，质感表现要恰到好处。在App图标的视觉设计过程中不要浪费一个知名品牌的现有的元素，要运用直截了当的文字内容表现隐喻的设计主题，要运用行业标准图形或主题图像概括主要内容，要最大限度地激发用户的好奇心。

4. 视觉设计要遵循横向、纵向比较的统一性

设计好图标后,放在同类别 App 图标中,来审视自己设计的图标是否能够抓住用户的眼球。有时不同平台会产生不同的视觉效果,某些系列化的 App 软件产品更需要通过比较来分析产品的统一性。比较之后可以有针对性地微调、预调,但不要随便更改设计意图及表现形式。

图标的统一性

5. 视觉设计要保持设计过程的连续性

随着软件版本的升级,App 软件图标也应该在产品升级的大背景下有所体现。比较好的做法是有计划有组织地进行视觉递进式改进。

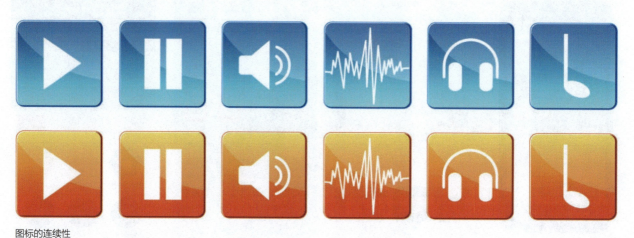

图标的连续性

小编分享

图标的根本意义是使用户能很容易地识别它所表示的功能,达到方便人们跳过文字识别而通过图标识别快速操作的目的。如今,人们希望图标能够满足人们的审美需求,而图标的风格也正朝着多元化的方向发展。中国风格图标也随之出现,它独具的神秘韵味也表达了一种民族情感。与此同时,中国风格图标的可用性也引起了人们的注意。

2.4.1 用户体验

图标是用户认识界面、记忆应用功能的基础元素。好的图标可以直接达到一目了然的效果,这也是商用设计的特色。不要胡乱的天马行空,图标设计不是艺术创作,而是视觉用户体验设计。

图标设计的创意阶段一定要手绘构思对图标进行关键元素的提取,这个阶段需要反复地修改,征求意见上也需要多花一些心思。

图标用户界面设计

手绘构思图标设计

对于网页设计师和UI界面设计师来说,画面中的图标是决定整体风格和用户体验的极致表现。我们都是视觉生物,对于好的设计交互有着天生的喜爱,这也是每个设计人员和开发人员要看到的效果——一种容易上手不需要多余思考的体验。

图标UI设计

小编分享

好的图标设计首先带来的是视觉享受,然后是不需要思考的引导。

从广义上来说，图标就是具有指代意义的图形符号，具有高度浓缩并快捷传达信息、便于记忆的特性。从狭义上来说，就是我们所熟悉的在计算机程序方面的应用。包括程序标识、数据标识、命令选择、模式信号或切换开关、状态指示等。如今图标被广泛地应用，其价值也是显而易见的。一套好的图标能够为用户直观传达所描述的物体，减轻用户的认知负担，特别是一些抽象的功能和意义。同时增添图标的精美度不仅能提升整个界面的吸引力和观赏性，还能使产品与用户产生共鸣。

具有直观传达所描述的物体的UI图标设计

通观整个图标设计，设定风格是基础，也是非常重要的一步。需要对整套图标进行周全的构想，因为这一步为图标设定了一个方向，之后图标设计的造型、上色的深入展开都要以此为基础。

居于一定风格的图标设计

设计一套完整的图标要确保其风格的一致性。在造型、透视、大小、色彩、效果处理等各个方面做到统一，以保证每个图标都与其风格相契合。

图标风格的契合

控制图标元素的数量，对一些不必要的元素要果断去除。图标应该是一种能使用户轻松识别的图形语言，而不是成为用户阅读的负担。图标设计更要充分展现各个图标间的差异程度，提升图标自身的辨识度，从而帮助用户理解观赏。

简单且容易辨识的图标设计

2.4.2 图标的可识别性

近些年,"写实风格"的用户界面视觉设计正逐步变成主流。为了增加细节,我们已经可以使用3D效果、阴影、透明甚至一些物理特性来修饰图标。这其中有些效果能显著改善可用性。

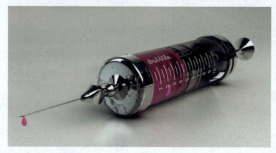  

写实风格的图标展示

图形用户界面基本上就是一堆符号,大部分按钮、图标以及其他控件只是指代了某些概念或某个想法,如齿轮图标并不意味着一个齿轮,它只是告诉你点击之后可以进行软件的设置。越多的细节和越高的写实性会让用户的关注焦点脱离这些概念。当然,细节也不能太少,因为保证必要的识别性肯定是前提,至少要让用户看得出这是什么东西,尤其在一些图形相似的情况下。

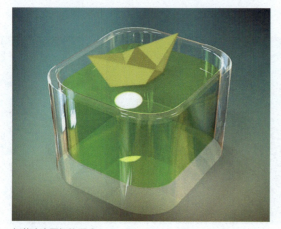 

细节决定图标的质感

不过过多华而不实的写实内容只能在可用性上带来明显的问题。在设计中增加细节的目的不是让界面和图标看起来像照片那样真实,而是提高识别度,以帮助用户更好地和各种控件进行交互操作,所以图标设计的核心表意元素体现到位才是关键。

图标的可识别性

单枚软件启动图标虽然看起来很炫,但是放到电子市场上后,却不太受用户的喜爱,用户点击率很低。怎样从视觉设计的层面去提升 App 软件启动图标的点击率呢?其实,我们在设计软件启动图标的过程中是有一定共性的设计方法的,这些能够帮助我们提升图标的点击率。

启动图标

很多图标设计是没有经过仔细思考而设计运用的。我们在 App 商店查找时，会发现吸引眼球的图标非常少。我们可以运用隐喻的设计表现手法，传达给用户信息，让用户看到图标就能够感知、想象、理解图标的意思。再加上有趣的形象设计，让用户容易理解图标的含义，这样的精致隐喻的图标容易在第一时间吸引用户的眼球，受到用户的喜爱。

可用性较高的图标设计

我们在 iTunes 里搜索软件时会发现很多相似的图标。哪些图标会吸引用户的眼球呢？过目之后，我们会发现，那些有层次设计感和特定质感的精致图标才会吸引用户的关注。

iTunes里搜索软件时发现的相似图标　　　　　　　　　吸引用户眼球的图标

有一种设计方法可以确保图标的表现力和软件的连续性。方法就是启动图标的设计运用和应用程序界面图形相匹配的设计元素，用高雅的轮廓、优美的线条去表现应用程序图标，以唤起用户的好奇心，吸引用户使用。

具有一定特点和连续性的图标设计

如果你正在设计一个知名品牌的应用程序，请恰当使用它的品牌 Logo！生活中，这些品牌标志已经留给用户很深刻的印象，非常容易从众多的 App 图标中胜出。因此，在设计知名品牌的 App 启动图标时，应该充分使用它的品牌 Logo。

品牌UI图标设计

图标的应用环境有多种，在图标上线前，设计师需要在多种图标的应用场景中进行设计测试。尽可能做到在多种商店场景下，以及在同类产品的用户查看界面中，都能吸引用户的眼球。

不同尺寸图标在界面上的不同显示效果

共性的图标设计方法能够帮助设计师控制图标设计的效果和市场中的用户体验，能真正从用户的角度去设计一枚图标，能提升这枚 App 软件的用户体验，能从视觉设计的角度去提升软件图标的用户点击率。

简单的高辨识度的图标

2.4.3 图标设计的连续性

种子到开花的过程我们很少会看到，那是因为它的变化速度很慢，需要几周甚至更长的时间。而这个过程通过监拍摄像机快速回放时，我们也可以看到过程的变化。在现实世界中，我们所感知的事物的变化都是连续的，包括图标设计。

图标设计的连续性

在设计一个图标的时候，不仅仅要考虑界面上的图形表现、布局排版，其实还需要考虑体验的连续性。我们应该关注细节，每个可操作的环节。设计师们（产品、交互、视觉设计等）都应该确保每时每刻图标的体验都是完美的。

图标设计的连续性

小编分享

UI设计的连续性对于客户体验是至关重要的。传统的UI设计，人们可以习惯性地按原有的思路操作软件，使这个工作流程更顺畅。但是随着Android操作系统的发布，一夜间改变了人们的操作习惯，而iPhone和它的应用商店的发布成为了巨大的助推器，完完全全地改变了用户习惯。

第3章 图标设计与软件操作

在学习了图标的基础知识和图标创意原则之后，让我们通过 Photoshop 这一强大的软件来制作简单的图标。学习如何使用基础图形绘制图标中的元素、制作让人过目不忘的简单生活图标、具有设计感的浏览器图标和制作色彩斑斓的图标，使读者能够全方位地了解图标设计与 Photoshop 软件操作之间的关系，并且可以独立制作一些简单的图标。

3.1 基础图形绘制图标中的元素

本小节主要讲基础图形绘制图标中的元素。这里包括圆形图标的绘制、方形图标的绘制、圆角矩形图标的绘制、组合图形图标的绘制以及自定义形状图标的绘制。

图标是网页中的常见元素，主要功能是表意，也包含装饰及品牌传递的作用。图标不一定很复杂才能表现需要的意义，下面我们将运用Photoshop中的一些简单的图形绘制出具有一定意义的图标或图标中的元素。

用简单图形绘制的图标

使用 Photoshop 可轻松地向图像中添加各种形状。您可以使用各种形状工具绘制形状，也可以从大量的预绘制形状中进行选择，还可以在单独的图层上排列矢量形状，以便轻松地进行修改和获得叠加效果。

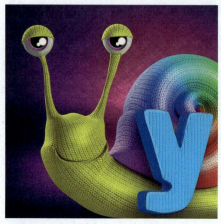  

用相对复杂的自定义形状绘制的图标

3.1.1 圆形图标的绘制

01 执行"文件>新建"命令,在弹出的"新建"对话框中设置各项参数及选项,设置完成后单击"确定"按钮,新建空白图像文件。

02 使用椭圆工具,在画面中间绘制椭圆,得到"椭圆1",单击"添加图层样式"按钮,选择"斜面和浮雕""投影"选项并设置参数,制作图案样式。

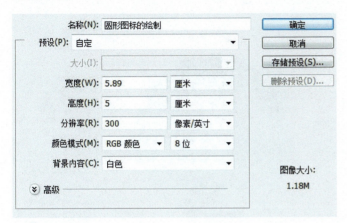
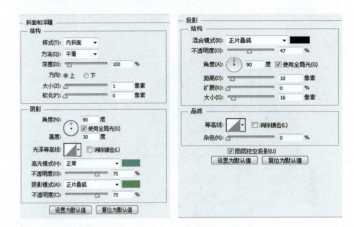

03 继续在"椭圆1"上,单击"添加图层样式"按钮,选择"颜色叠加"选项并设置参数,制作图案样式。制作画面中图标底层的简单样式。

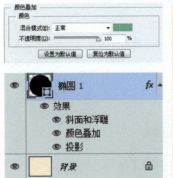
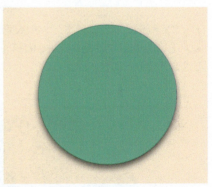

04 继续使用椭圆工具,在绘制好的椭圆上方绘制相对较小的椭圆,得到"椭圆2",单击"添加图层样式"按钮,选择"渐变叠加""内阴影"选项并设置参数,制作图案样式。

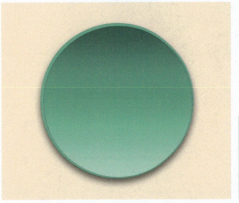

05 继续使用椭圆工具 ⬭，在绘制好的椭圆上方绘制相对较小的椭圆，并结合钢笔工具 ✎，结合其形状属性栏的设置绘制，在其属性栏中选择其需要的形状，在画面上绘制需要的图形得到"椭圆3"，并使用制作"椭圆2"相同的方法单击"添加图层样式"按钮 fx，选择"渐变叠加""内阴影"选项并设置参数，制作图案样式。

06 选择"椭圆3"，按快捷键Ctrl+J复制得到"椭圆3副本"，并结合钢笔工具 ✎，结合其形状属性栏的设置绘制，在其属性栏中选择其需要的形状，单击"添加图层样式"按钮 fx，选择"斜面和浮雕"选项并设置参数，制作图案样式。

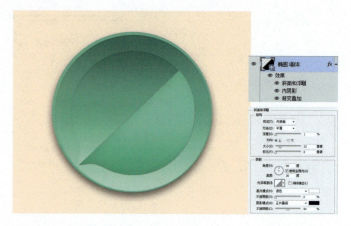

07 再选择"椭圆3副本"，按快捷键Ctrl+J复制得到"椭圆3副本2"，使用快捷键Ctrl+T变换图像方向，并将其移至绘制的图标上面合适的位置。

08 回到"椭圆3"，并在其上方新建"图层1"，设置前景色为墨绿色，单击画笔工具 ✏ 选择柔角画笔并适当调整大小及透明度，在绘制的椭圆形图标上方合适的地方进行适当的涂抹，制作出其图标上的阴影效果。

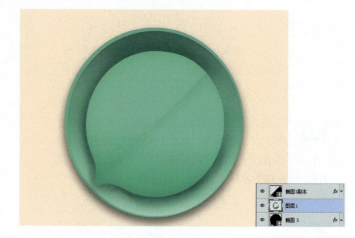

第 3 章 图标设计与软件操作

09 继续使用椭圆工具,在其属性栏中设置其"填充"为白色,"描边"为无,按住Shift键,在绘制的图标上方依次绘制白色的小椭圆图标,制作微信图标效果,得到"椭圆4"。

10 选择"椭圆4",单击"添加图层样式"按钮,选择"投影"选项并设置参数,制作图案样式。

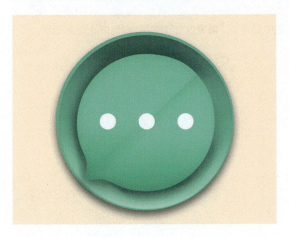

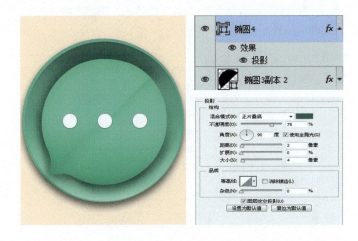

11 选择"椭圆4",按快捷键Ctrl+J复制得到"椭圆4副本",删除其图层样式。

12 单击"添加图层样式"按钮,选择"颜色叠加"选项并设置参数,制作图案样式。至此,本实例制作完成。

小编分享

作为界面设计的关键部分,图标在人机交互设计中无所不在。随着人们对审美、时尚、趣味的不断追求,图标设计也不断花样翻新,越来越精美、新颖、富有创造力和想象力。可是,从可用性的角度讲,并不是越花哨的图标越被用户所接受,图标的可用性要回到它的基本功用上去思考。图标的功用在于建立起计算机世界与真实世界的一种隐喻,或者映射关系。用户通过这种隐喻,自动地理解图标背后的意义,这跨越了语言的界限。但是,如果这种映射关系不能被用户轻松并且准确地理解,那么这种图标就不应是好的图标。

3.1.2 方形图标的绘制

01 执行"文件>新建"命令,在弹出的"新建"对话框中设置各项参数及选项,设置完成后单击"确定"按钮,新建空白图像文件。

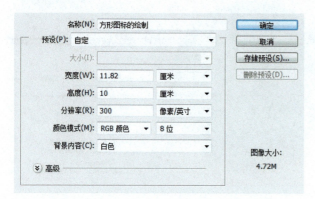

02 执行"文件>打开"命令,打开"背景.jpg"文件。拖曳到当前文件图像中,生成"背景"图层。使用矩形工具,在其属性栏中设置其"填充"为白色,在画面中间绘制矩形。

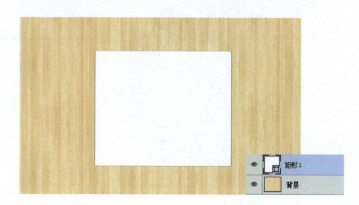

03 在绘制好的"矩形1"上,单击"添加图层样式"按钮,选择"内阴影"选项并设置参数,选择"投影"选项并设置参数,制作图案样式。

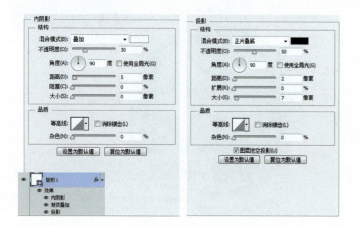

04 继续在"矩形1"上单击"添加图层样式"按钮,选择"渐变叠加"选项并设置参数,制作图案样式。

小编分享

在信息传播的过程中,增加信息的冗余度是保证信息传输可靠性的最有效的方法。在人机交互设计中,最常见的冗余编码就是红绿灯,即每个颜色皆对应位置,使得在人口中占据相当比例的色盲人群也可以通过灯的位置来接收是否可以通行的信息。图标设计也需要增加冗余编码,以保证绝大多数的人都能够快速、准确地理解图标的含义。

第 3 章　图标设计与软件操作

05 继续使用矩形工具，在其属性栏中设置其"填充"为黑色，"描边"为无，在绘制的矩形上方继续绘制矩形，得到"矩形2"，为后面制作导航样式图标做打底。

06 执行"文件>打开"命令，打开"地图.jpg"文件。拖曳到当前文件图像中，生成"图层1"，使用快捷键Ctrl+T变换图像大小，并将其放至于绘制的"矩形2"上合适的位置，按住Alt键并单击鼠标左键，创建其图层剪贴蒙版。

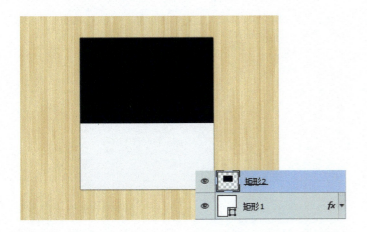

07 分别使用椭圆工具和钢笔工具，在其属性栏中设置其"填充"为红色，"描边"为无，结合其形状属性栏的设置绘制，在其属性栏中选择其需要的形状，在画面上绘制需要的图形，得到"形状1"。按快捷键Ctrl+J复制得到"形状1副本"，将其移至"形状1"下方，将其栅格化图层并填充为灰色，使用快捷键Ctrl+T变换图像，制作其阴影效果。

08 回到"形状1"，使用椭圆工具，在其属性栏中设置其"填充"为白色，"描边"为无，在绘制的形状上绘制椭圆，得到"椭圆1"，制作出图标上的地标效果。

09 单击横排文字工具，设置前景色为灰色，输入所需文字，双击文字图层，在其属性栏中设置文字的字体样式及大小，将其放至于画面合适的位置，制作其图标上的文字效果。

10 继续单击横排文字工具，设置前景色为灰色，输入所需文字，双击文字图层，在其属性栏中设置文字的字体样式及大小，将其放至于画面合适的位置，继续制作其图标上的文字效果。

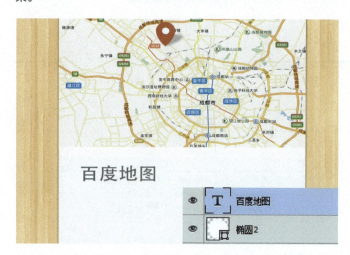

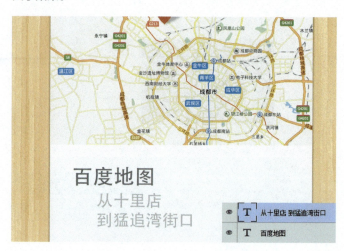

11 继续分别使用椭圆工具和钢笔工具，在其属性栏中设置其"填充"为灰色，"描边"为无，结合其形状属性栏的设置绘制，在其属性栏中选择其需要的形状，在画面上绘制需要的图形，得到"形状2"。

12 单击"创建新的填充或调整图层"按钮，在弹出的菜单中选择"色相/饱和度"选项并设置参数，调整画面的色调。至此，本实例制作完成。

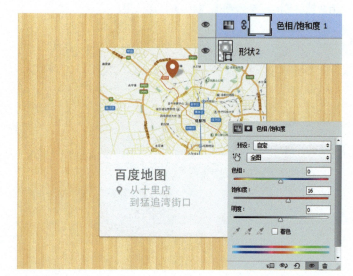

3.1.3 圆角矩形图标的绘制

01 执行"文件>新建"命令,在弹出的"新建"对话框中设置各项参数及选项,设置完成后单击"确定"按钮,新建空白图像文件。

02 新建"图层1",将其填充为淡红灰色,单击圆角矩形工具,在画面中间绘制圆角矩形得到"圆角矩形1"。

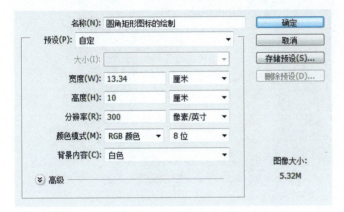

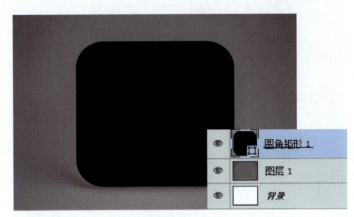

03 在"圆角矩形1"的下方,"图层1"的上方,新建"图层2",设置前景色为深红灰色,单击画笔工具,选择柔角画笔并适当调整大小及透明度,在图层上绘制的圆角矩形图标四周适当地涂抹,制作出圆角矩形图标的阴影效果。

04 选择"圆角矩形1",单击"添加图层样式"按钮,选择"斜面和浮雕"选项并设置参数,制作图案样式。

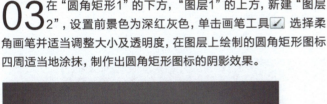

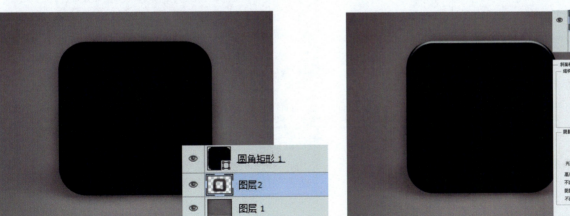

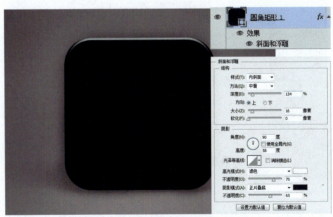

小编分享

图标设计中的可用性原则与图标的美学考虑在实践中可能存在矛盾,这时候权衡两者是必须的。好的可用性可以让用户更方便地使用产品,而漂亮、时尚或者富有情趣的外观设计可以给用户带来喜悦感等良好的心理体验。很难说哪一方理所应当地取得主导地位,更理想的状态是交互设计师和视觉(外观)设计师进行良好的沟通和合作,制作出来更加精良且具有一定艺术视觉效果的图标。

05 执行"文件>打开"命令,打开"木纹.jpg"文件。拖曳到当前文件图像中,生成"图层3",使用快捷键Ctrl+T变换图像大小,并将其放至于画面合适的位置。按住Alt键并单击鼠标左键,创建其图层剪贴蒙版。

06 新建"图层4",并使用渐变工具,设置渐变颜色为粉色到透明色的线性渐变,并在图层上从上到下透出渐变效果。按住Alt键并单击鼠标左键,创建其图层剪贴蒙版,设置混合模式为"柔光"。

07 继续使用圆角矩形工具,在画面上绘制的圆角矩形图标底层上继续绘制圆角矩形,得到"圆角矩形2",单击"添加图层样式"按钮,选择"渐变叠加"选项并设置参数,制作图案样式。

08 继续选择"圆角矩形2",在其"图层"面板上设置其"填充"为48%。设置混合模式为"叠加",制作其图标上的圆角矩形效果。

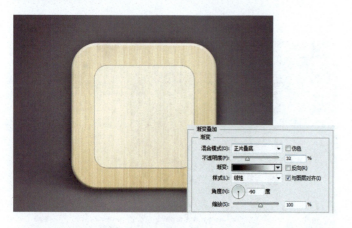

09 选择"圆角矩形2",按快捷键Ctrl+J复制得到"圆角矩形2副本",删除其图层样式,在其"图层"面板上更改设置其"填充"为0%。单击"添加图层样式"按钮,选择"投影"选项并设置参数,制作图案样式。

10 继续选择"圆角矩形2",按快捷键Ctrl+J复制得到"圆角矩形2副本2",删除其图层样式,将其移至图层上方。在其"图层"面板上更改设置其"填充"为100%。设置混合模式为"正常",单击"添加图层样式"按钮 fx.,选择"内阴影"选项并设置参数,制作图案样式。

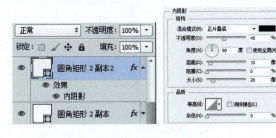

11 继续选择"圆角矩形2副本2",按快捷键Ctrl+J复制得到"圆角矩形2副本3",在其"图层"面板上更改设置其"填充"为0%。设置混合模式为"正片叠底",使用快捷键Ctrl+T适当变换图像大小,并将其放置于绘制的图标中间的位置。

12 继续选择"圆角矩形2副本2",按快捷键Ctrl+J复制得到"圆角矩形2副本4",将其移至图层上方。设置混合模式为"正片叠底",填充为0%。更改其图层样式为"投影",并设置参数,制作图案样式。

13 单击横排文字工具，设置前景色为红色，输入所需文字，双击文字图层，在其属性栏中设置文字的字体样式及大小，使用快捷键Ctrl+T变换图像大小，并将其放至于画面合适的位置。

14 单击钢笔工具，在其属性栏中设置其属性为"形状"，"填色"为淡红色，在画面上绘制"形状1"，使用快捷键Ctrl+T变换图像大小，并将其放至于画面合适的位置。按住Alt键并单击鼠标左键，创建其图层剪贴蒙版。

15 单击横排文字工具，设置前景色为灰色，输入所需文字，双击文字图层，在其属性栏中设置文字的字体样式及大小，使用快捷键Ctrl+T变换图像大小，并将其放至于画面合适的位置。

16 单击"创建新的填充或调整图层"按钮，在弹出的菜单中选择"色相/饱和度"选项并设置参数，调整画面的色调。至此，本实例制作完成。

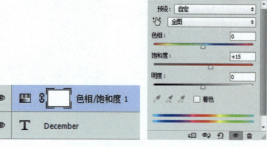

3.1.4 组合图形图标的绘制

01 执行"文件>新建"命令,在弹出的"新建"对话框中设置各项参数及选项,设置完成后单击"确定"按钮,新建空白图像文件。

02 执行"文件>打开"命令,打开"背景.jpg"文件。拖曳到当前文件图像中,生成"背景"图层。

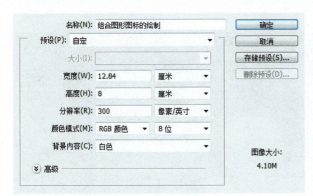

03 单击圆角矩形工具,在画面中间绘制需要的圆角矩形,得到"圆角矩形1",单击"添加图层样式"按钮 fx.,选择"内发光"选项并设置参数,选择"外发光"选项并设置参数,制作图案样式。

04 继续选择"圆角矩形1",单击"添加图层样式"按钮 fx.,选择"内阴影"选项并设置参数,选择"渐变叠加"选项并设置参数,制作图案样式。

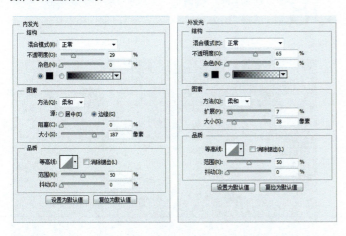

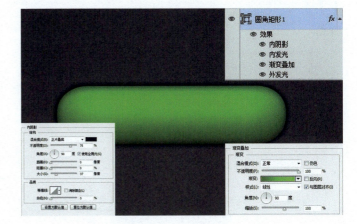

小编分享

"渐变叠加"和"颜色叠加"的原理是完全一样的,只不过"虚拟"层的颜色是渐变的而不是平板一块。"渐变叠加"的选项中,混合模式与不透明度和"颜色叠加"的设置方法完全一样,不再介绍。"渐变叠加"样式多出来的选项包括渐变、样式、缩放,设置渐变的类型包括线性、径向、对称、角度和菱形。这几种渐变类型都比较直观,不过"角度"稍微有点特别,它会将渐变围绕图层中心旋转360°展开,也就是沿着极坐标系的角度方向展开,其原理和在平面坐标系中沿×轴方向展开形成的"线性"渐变效果一样。设置渐变色,单击下拉框可以打开"渐变编辑器",单击下拉框的下拉按钮可以在预设置的渐变色中进行选择。在这个下拉框后面有一个"反色"复选框,用来将渐变色的"起始颜色"和"终止颜色"对调。

创意UI Photoshop玩转图标设计（第2版）

05 新建"图层1"，设置前景色为白色，单击画笔工具，选择柔角画笔并适当调整大小及透明度，在绘制的图标上适当地涂抹，并设置其混合模式为"叠加"、"不透明度"为40%。新建"图层2"，单击钢笔工具，在其属性栏中设置其属性为"形状"，"填色"为白色，在绘制好的图标上绘制其高光区域，并将其图层栅格化，设置其"不透明度"为30%。

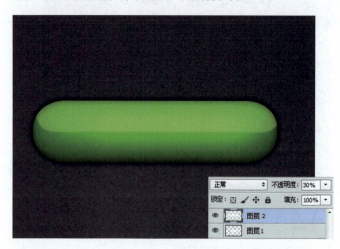

06 使用椭圆工具，在其属性栏中设置其"填充"为白色，"描边"为无，在画面上绘制的圆角矩形图标左边绘制正圆形得到"椭圆1"，使用快捷键Ctrl+T变换图像大小，并将其放至于画面合适的位置。单击"添加图层样式"按钮，选择"渐变叠加"选项并设置参数，制作图案样式。

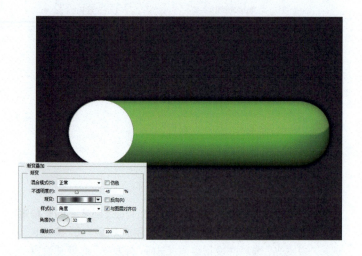

07 继续在绘制的"椭圆1"上，单击"添加图层样式"按钮，选择"投影""内发光"选项并设置参数，制作图案样式。

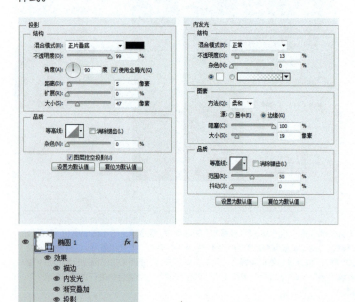

08 继续在绘制的"椭圆1"上，单击"添加图层样式"按钮，选择"描边"选项并设置参数，制作图案样式。

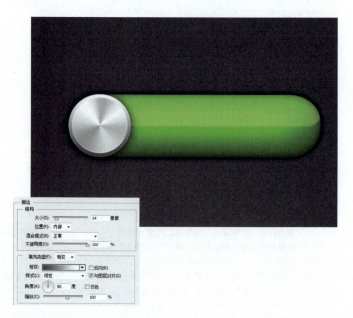

09 执行"文件>打开"命令,打开"01.jpg"文件。拖曳到当前文件图像中,生成"图层3"。按住Ctrl键并单击鼠标左键选择"椭圆1"图层,得到"椭圆1"图层的选区后回到"图层3",按快捷键Shift+Ctrl+I反选选中的选区。按Delete键将不需要的选区删除。

10 选择"图层3",设置混合模式为"颜色加深",制作其图标上面金属样式的纹理。

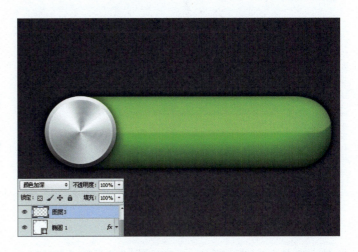

11 单击横排文字工具，设置前景色为绿色,输入所需文字,双击文字图层,在其属性栏中设置文字的字体样式及大小,将其放至于画面合适的位置。单击"添加图层样式"按钮，选择"描边"选项并设置参数,制作图标上文字的图案样式。

12 继续选择文字图层,单击"添加图层样式"按钮，选择"内阴影"选项并设置参数,制作图标上文字的图案样式。至此,本实例制作完成。

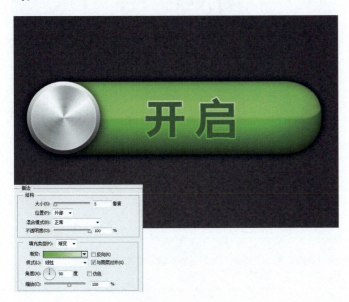

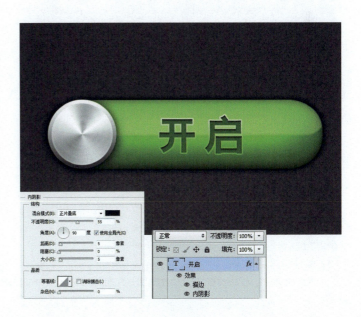

3.1.5 自定义形状图标的绘制

01 执行"文件>新建"命令,在弹出的"新建"对话框中设置各项参数及选项,设置完成后单击"确定"按钮,新建空白图像文件。

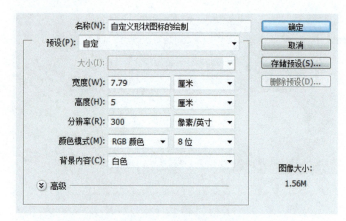

02 执行"文件>打开"命令,打开"背景.jpg"文件。拖曳到当前文件图像中,生成"图层1"。

03 单击圆角矩形工具,在其属性栏中设置其"填充"为黄灰色到深黄灰色的线性渐变,并在画面中间绘制圆角矩形,得到"圆角矩形1",选择图层单击鼠标右键选择"栅格化图层"选项,将图层栅格化。

04 单击圆角矩形工具,在其属性栏中设置其"填充"为棕色,"描边"为无,在画面上绘制好的圆角矩形图标上合适的位置继续绘制圆角矩形,得到"圆角矩形2"。

小编分享

在Photoshop中,使用文字工具输入的文字是矢量图,优点是可以无限放大、不会出现马赛克现象,而缺点是无法使用Photoshop中的滤镜,因此使用栅格化命令将文字栅格化,可以制作更加丰富的效果。方法是图层栅格化,这样就可以制作出样式多样、漂亮的文字了。

第 3 章 图标设计与软件操作

05 继续使用圆角矩形工具,在其属性栏中设置其"填充"为白色,"描边"为无,在画面上绘制好的图标上继续绘制圆角矩形,得到"圆角矩形3"。

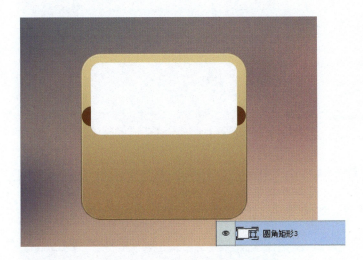

06 在"圆角矩形3"下方,"圆角矩形2"上方,新建"图层1",设置前景色为棕色,单击画笔工具选择柔角画笔并适当调整大小及透明度,在圆角矩形图标下适当涂抹,制作图标下方的阴影图案。

07 分别使用圆角矩形工具和钢笔工具,在其属性栏中设置其"填充"为红棕色,"描边"为无。结合其形状属性栏的设置绘制,在其属性栏中选择其需要的形状,在画面上绘制需要的图形。

08 选择"圆角矩形4",单击"添加图层样式"按钮,选择"描边"选项并设置参数,选择"内发光"选项并设置参数,制作图案样式。

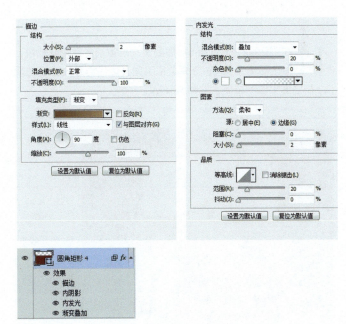

77

09 选择"圆角矩形4",单击"添加图层样式"按钮 fx.,选择"渐变叠加"选项并设置参数,选择"内阴影"选项并设置参数,制作图案样式。

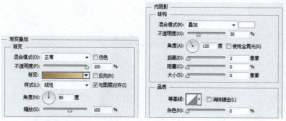

10 分别使用圆角矩形工具 和钢笔工具 ,在其属性栏中设置其"填充"为黄色,"描边"为无。结合其形状属性栏的设置绘制,在画面上绘制需要的图形。单击"添加图层样式"按钮 fx.,选择"图案叠加"选项并设置参数,制作图案样式。选择图层单击鼠标右键选择"栅格化文字"选项,得到"图层2"。

11 在"图层2"下方新建"图层3",设置前景色为红棕色,单击画笔工具 选择柔角画笔并适当调整大小及透明度,在画面上绘制图标上的阴影部分。

12 单击横排文字工具 ,设置前景色为灰色,输入所需文字,双击文字图层,在其属性栏中设置文字的字体样式及大小,使用快捷键Ctrl+T变换图像大小,并将其放至于画面合适的位置。至此,本实例制作完成。

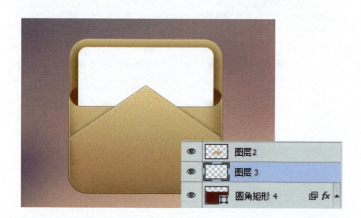

3.2 让人过目不忘的简单生活图标

本小节主要讲让人过目不忘的简单生活图标的绘制。这里包括圆形图标的绘制、方形图标的绘制、圆角矩形图标的绘制、组合图形图标的绘制和自定义形状图标的绘制等。

图形的应用范围很广，如图标的制作、自定义控件的制作、界面边框的制作，这些都需要基础图形的绘制作为打底。下面我们来看一下运用这些基础图形绘制出的让人过目不忘的简单生活图标。

椭圆绘制的图标

圆角矩形绘制的图标

不同图形组合绘制的图标

方形绘制的图标

3.2.1 移动设备电池图标绘制

01 执行"文件>新建"命令,在弹出的"新建"对话框中设置各项参数及选项,设置完成后单击"确定"按钮,新建空白图像文件。

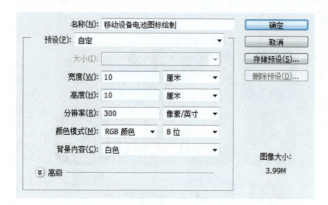

02 设置前景色为黑色,将"背景"图层填充为黑色,新建"图层1",分别使用矩形选框工具和椭圆选框工具绘制灰色的圆柱体。

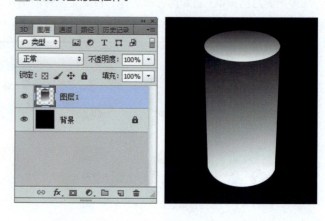

03 新建"图层2",使用渐变工具,填充其底色为黑色渐变,制作其光影效果。新建"图层3",继续使用椭圆选框工具,绘制圆柱体上面的圆形,单击"添加图层样式"按钮,选择"内发光"选项并设置参数,制作图案样式。

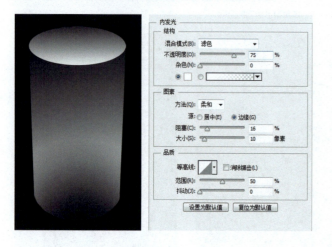

04 继续在"图层3"上单击"添加图层样式"按钮,选择"渐变叠加"选项并设置参数,制作图案样式。这里绘制的是电池。

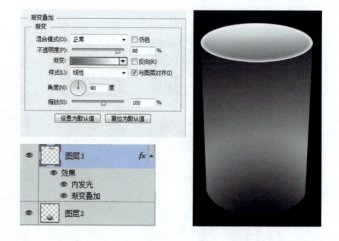

小编分享

图层样式是"活"的,它可以从一个图层复制到另一个图层或更多的图层,在画面有多个按钮或者文本需要修饰甚至多个文档需要保持按钮样式一致的情况下,图层样式尤其有用。在Photoshop的图层样式中,虽然有着名为"投影""阴影""内发光""外发光"这样的样式,但"投影"样式并不局限于塑造一种投影效果,"内发光"样式也不仅仅能够表现内发光的效果(为避免混淆,"样式"一词单指Photoshop中的图层样式名称,"效果"一词单指我们看到的实际效果),这也是"非常规"的意义所在。但非常规并不是要故意标新立异,而是使Photoshop这个工具更加灵活好用。

第 3 章　图标设计与软件操作

05 新建"图层4",使用多边形套索工具,在电池上方绘制三角形的光感。将其填充色为白色,设置其"不透明度"为47%。新建"图层5",单击画笔工具,选择尖角笔刷,设置"大小"为10像素,设置前景色为白色。然后单击钢笔工具在电池上方绘制曲线路径,绘制完成后单击鼠标右键,在弹出的菜单中选择"描边路径"选项,弹出"描边路径"对话框,设置"工具"为"画笔",单击"确定"按钮,为路径添加黑色描边,然后按快捷键Ctrl+H隐藏路径。单击"添加图层样式"按钮,选择"斜面和浮雕"选项并设置参数,制作图案样式。

06 新建"图层6",单击画笔工具选择柔角笔刷并适当调整大小及透明度,在画面中的电池上方绘制高光发亮的部分。新建"图层7",单击钢笔工具,在画面中的电池里面绘制电量的样式,创建选区。使用渐变工具,设置渐变颜色为黄色到黄绿色再到绿色的线性渐变并在绘制的选区里面透出渐变。按快捷键Ctrl+D取消选区。

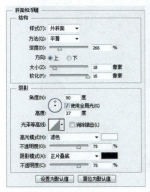 

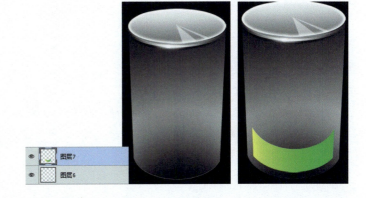

07 选择"图层7",连续按快捷键Ctrl+J复制得到多个"图层7副本",并使用移动工具将制作的电量的样式依次向上移动,将电量制作完整。新建"图层8",使用柔角画笔工具设置需要的颜色及透明度,并在电池上涂抹。

08 新建"图层9",设置前景色为白色,单击画笔工具选择柔角画笔并适当调整大小及透明度,在电池的两边涂抹,制作出电池的反光。

09 新建"图层10",单击画笔工具，选择尖角笔刷,设置"大小"为10像素,设置前景色为白色。然后单击钢笔工具在电池上方绘制曲线路径,绘制完成后单击鼠标右键,在弹出的菜单中选择"描边路径"选项,弹出"描边路径"对话框,设置"工具"为"画笔",单击"确定"按钮,为路径添加黑色描边,然后按快捷键Ctrl+H隐藏路径。单击"添加图层样式"按钮，选择"斜面和浮雕""投影"选项并设置参数,制作图案样式。

10 新建"图层11",设置前景色为白色,单击画笔工具，选择柔角画笔并适当调整大小及透明度,在画面中的电池下方绘制高光发亮的部分。

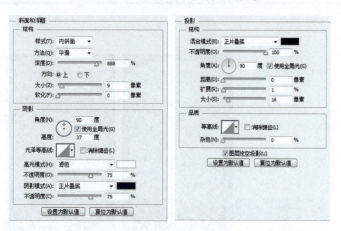

11 新建"图层12",使用钢笔工具在电池上方绘制其反光并创建选区。使用渐变工具，设置渐变颜色为白色到透明色的线性渐变。在绘制的选区中拖出渐变来。新建"图层13",使用钢笔工具在电池左边绘制其亮光选区并将其填充为白色,按快捷键Ctrl+D取消选区。

12 新建"图层14",使用椭圆选框工具在电池上方绘制小椭圆,使用渐变工具，设置渐变颜色为深灰色到白色的线性渐变,在绘制的椭圆选区里面拖出,单击"添加图层样式"按钮，选择"内阴影"选项并设置参数,制作图案样式。打开"01.png"文件,拖曳到当前文件图像中,生成"图层15",将其放置于电池上方。至此,本实例制作完成。

3.2.2 安卓系统启动图标

01 执行"文件>新建"命令,在弹出的"新建"对话框中设置各项参数及选项,设置完成后单击"确定"按钮,新建空白图像文件。

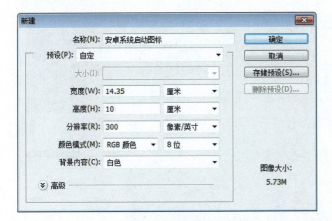

02 设置前景色为黑色,按快捷键Alt+Delete,填充背景色为黑色。

03 双击背景图层,在弹出的对话框中设置背景图层的名称,将其背景图层解锁。单击"添加图层样式"按钮 fx,选择"图案叠加"选项并设置参数,制作背景图案样式。

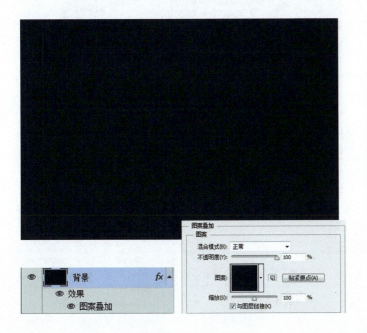

04 单击圆角矩形工具,在其属性栏中设置其"填充"为嫩绿色,"描边"为无,在画面中间上方合适的位置绘制圆角矩形得到"圆角矩形1"。单击"添加图层样式"按钮 fx,选择"渐变叠加"选项并设置参数,制作圆角矩形图标的图案样式。

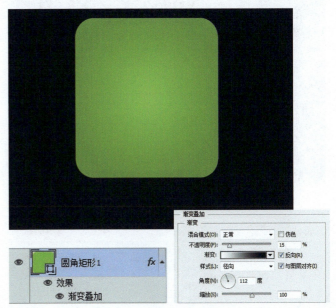

05 分别使用圆角矩形工具、椭圆工具和钢笔工具，在其属性栏中设置其"填充"为黑色，"描边"为无。结合其形状属性栏的设置绘制，在其属性栏中选择其需要的形状，在画面上绘制出安卓图标的图形，得到"形状1"。使用快捷键Ctrl+T变换图像大小，并将其放至于图标上面合适的位置。

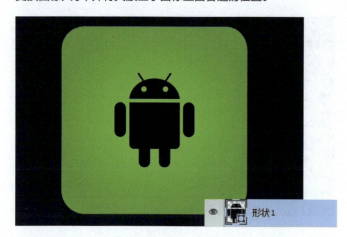

06 选择绘制好的"形状1"图层，单击"添加图层样式"按钮，选择"渐变叠加"选项并设置参数，制作安卓图标的图案样式，并使绘制的图标具有一定的光感。

07 继续选择绘制好的"形状1"图层，单击"添加图层样式"按钮，选择"投影"选项并设置参数，制作安卓图标的图案样式，并使绘制的图标具有一定的光感。

08 继续选择绘制好的"形状1"图层，按快捷键Ctrl+J复制得到"形状1副本"，更改其"渐变叠加"选项的图层样式，并使用移动工具向上移动一段距离。

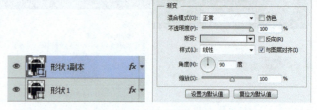

第 3 章 图标设计与软件操作

09 单击横排文字工具,设置前景色为白色,输入所需文字,双击文字图层,在其属性栏中设置文字的字体样式及大小,并将其放至于界面图标中合适的位置。

10 选择刚才在图标下面制作的文字图层,单击"添加图层样式"按钮,选择"渐变叠加"选项并设置参数,制作文字样式。

11 继续选择刚才在图标下面制作的文字图层,单击"添加图层样式"按钮,选择"投影"选项并设置参数,制作文字样式。

12 单击"创建新的填充或调整图层"按钮,在弹出的菜单中选择"亮度/对比度"选项设置参数,调整画面的色调。至此,本实例制作完成。

> **小编分享**
> 扁平风格的一个优势就在于它可以更加简单直接地将信息和事物的工作方式展示出来,减少认知障碍的产生。随着网站和应用程序在许多平台涵盖了越来越多不同的屏幕尺寸,设计正朝着更加扁平化的设计发展。扁平化设计更简约,条理清晰,最重要的一点是有更好的适应性。

3.2.3 iOS 系统启动图标

01 执行"文件>新建"命令,在弹出的"新建"对话框中设置各项参数及选项,设置完成后单击"确定"按钮,新建空白图像文件。

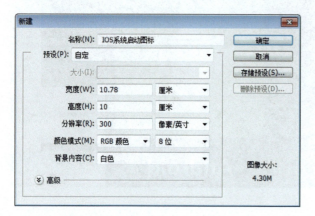

02 使用圆角矩形工具,在其属性栏中设置其"填充"为灰色,"描边"为无,在画面中间合适的位置绘制圆角矩形,得到"圆角矩形1"。

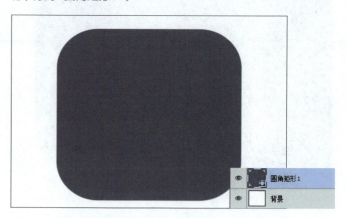

03 选择绘制好的"圆角矩形1",单击"添加图层样式"按钮,选择"渐变叠加"选项并设置参数,制作图案样式。制作界面上的图标。

04 分别使用矩形工具、椭圆工具和钢笔工具,在其属性栏中设置其"填充"为白色,"描边"为无。结合其形状属性栏的设置绘制,在其属性栏中选择其需要的形状,在画面上绘制需要的图形,得到"形状1",将iOS系统启动图标绘制完成,至此,本实例制作完成。

3.2.4 Windows系统启动图标

01 执行"文件>新建"命令,在弹出的"新建"对话框中设置各项参数及选项,设置完成后单击"确定"按钮,新建空白图像文件。

02 设置前景色为黑色,按快捷键Alt+Delete,填充背景色为黑色。

03 使用椭圆工具,在其属性栏中设置其"填充"为深灰色,"描边"为无,在画面中间绘制椭圆形得到"椭圆1",分别使用椭圆工具和钢笔工具,在其属性栏中设置其"填充"为蓝色,"描边"为无。结合其形状属性栏的设置绘制,在其属性栏中选择其需要的形状,在画面上绘制需要的图形。

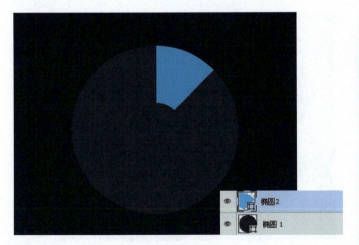

04 使用矩形工具,在其属性栏中设置其"填充"为蓝色,"描边"为无。结合其形状属性栏的设置绘制,在其属性栏中选择其需要的形状,在画面上绘制需要的图形,得到"矩形1"。单击"添加图层样式"按钮,选择"颜色叠加"选项并设置参数,制作图案样式。

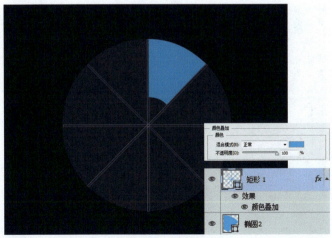

05
使用椭圆工具,在绘制的图标上方绘制椭圆形得到"椭圆3"。

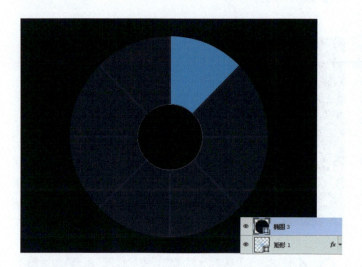

06
使用椭圆工具和钢笔工具,在其属性栏中设置其"填充"为蓝色,"描边"为无。结合其形状属性栏的设置绘制,在其属性栏中选择其需要的形状,在画面上绘制需要的图形。

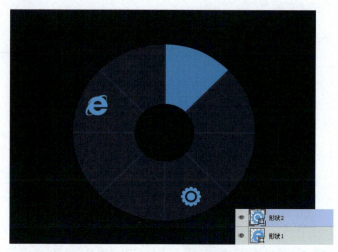

07
使用椭圆工具和钢笔工具,在其属性栏中设置其"填充"为白色,"描边"为无。结合其形状属性栏的设置绘制,在其属性栏中选择其需要的形状,在画面上绘制需要的图形。

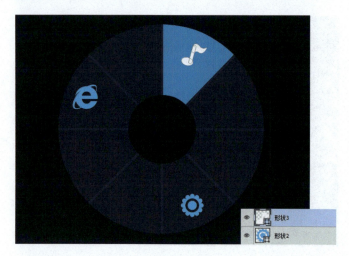

08
继续使用圆角矩形工具和钢笔工具,在其属性栏中设置其"填充"为蓝色,"描边"为无。结合其形状属性栏的设置绘制,在其属性栏中选择其需要的形状,在画面上绘制需要的图形。

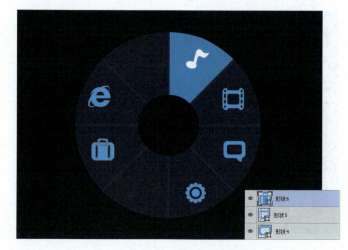

09
使用圆角矩形工具和钢笔工具，在其属性栏中设置其"填充"为白色，"描边"为无。结合其形状属性栏的设置绘制，在其属性栏中选择其需要的形状，在画面上绘制需要的图形。

10
继续使用圆角矩形工具和钢笔工具，在其属性栏中设置其"填充"为蓝色，"描边"为无。结合其形状属性栏的设置绘制，在其属性栏中选择其需要的形状，在画面上绘制需要的图形。

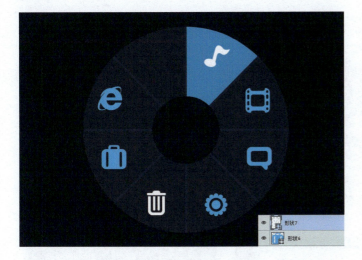

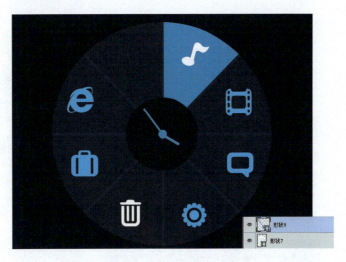

11
单击"创建新的填充或调整图层"按钮，在弹出的菜单中选择"亮度/对比度"选项并设置参数，调整画面的色调。

12
单击"创建新的填充或调整图层"按钮，在弹出的菜单中选择"色相/饱和度"选项并设置参数，调整画面的色调。至此，本实例制作完成。

3.3 具有设计性的图标制作

具有设计性的图标设计作品都是源自生活的,它们质感方面很棒,线条很流畅,下面我们来欣赏一下这些具有设计性的图标吧!

具体设计性的图标设计欣赏

小编分享

具有设计性的图标能使受众便于选择,一个好的图标往往会反映网站及制作者的某些信息,想一想,你的受众要在大堆的图标中寻找自己想要的特定内容的图标时,一个能让人轻易看出它所代表的类型和内容的图标会有多重要。

浏览器皱纸风格图标

3.3.1 具有设计性的开关图标

01 执行"文件>新建"命令,在弹出的"新建"对话框中设置各项参数及选项,设置完成后单击"确定"按钮,新建空白图像文件。

02 设置前景色为灰色,按快捷键Alt+Delete,填充背景色为灰色。

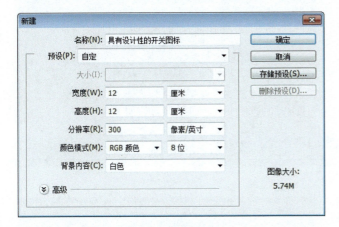

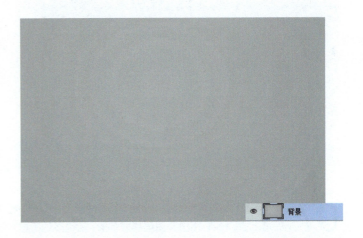

03 单击椭圆工具,在其属性栏中设置其"填充"为深灰色,"描边"为无,在画面的中间偏下的位置绘制椭圆,得到"椭圆1",单击"添加图层样式"按钮,选择"渐变叠加"选项并设置参数,制作图案样式。

04 继续选择刚才绘制的"椭圆1",单击"添加图层样式"按钮,选择"投影"选项并设置参数,继续制作图案样式。

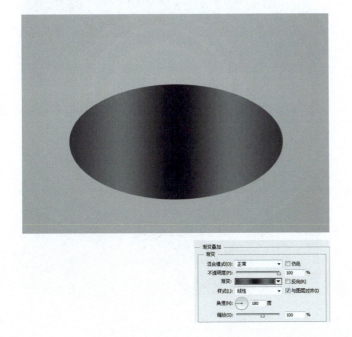

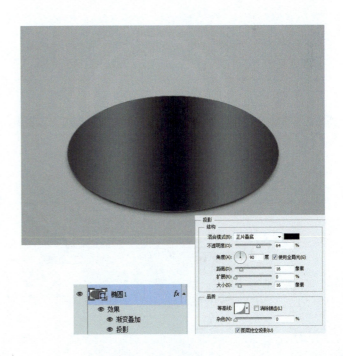

05 使用矩形工具，在其属性栏中设置其"填充"为深灰色，"描边"为无，在画面上绘制好的圆角矩形上方绘制矩形，得到"矩形1"。

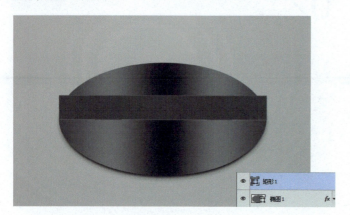

06 新建"图层1"，设置前景色为白色，单击画笔工具选择柔角画笔并适当调整大小及透明度，在画面上的开关图标上适当地涂抹，制作其高光效果。

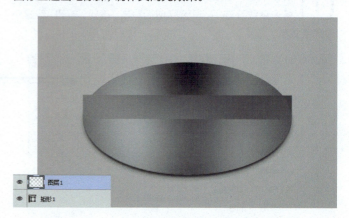

07 选择"椭圆1"，按快捷键Ctrl+J复制得到"椭圆1副本"，将其移至图层上方。将其"投影"图层样式删除，使用移动工具，将其移至绘制的图标上方，制作出立体的图标下底座。

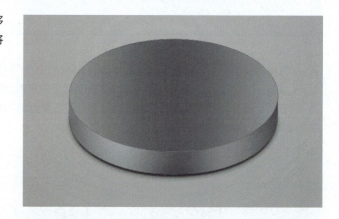

08 继续在"椭圆1副本"上，单击"添加图层样式"按钮，选择"描边"选项并设置参数，制作图案样式。

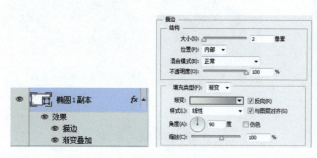

09 继续选择"椭圆1",按快捷键Ctrl+J复制得到"椭圆1副本",将其"投影"和"渐变叠加"图层样式删除,在其属性栏中更改其设置其"填充"为深红色,使用快捷键Ctrl+T变换图像大小,并将其放至于画面合适的位置。单击"添加图层样式"按钮 fx.,选择"描边"选项并设置参数,制作图案样式。

10 新建"图层2",设置前景色为黑色,单击钢笔工具,在其属性栏中设置其属性为"路径",在画面上绘制好的图标中的适当的位置绘制路径,并使用渐变工具,设置渐变颜色为黑色到透明色的线性渐变。并在创建的选区上从下到上绘制,设置其"不透明度"为33%。

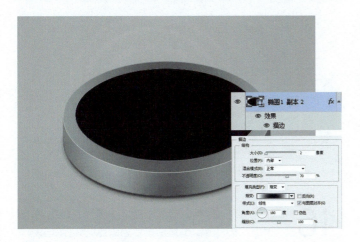

11 继续选择"椭圆1",按快捷键Ctrl+J复制得到"椭圆1副本",将其移至图层上方。将其"投影"图层样式删除,在其属性栏中更改其设置其"填充"为深红色,并将其放至于画面合适的位置,设置其"渐变叠加"的图案样式。

12 继续使用矩形工具,在其属性栏中设置其"填充"为深红色,"描边"为无,在画面上绘制好的圆角矩形上方绘制矩形,得到"矩形2"。

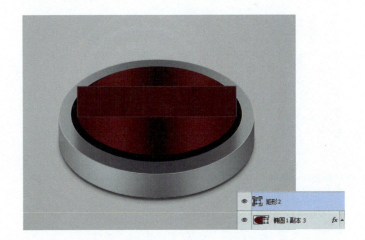

13 新建"图层3",设置前景色为白色,单击画笔工具 选择柔角画笔并适当调整大小及透明度,在画面上的开关图标上适当地涂抹,设置混合模式为"叠加",制作其高光效果。

14 继续使用椭圆工具 ,在其属性栏中设置其"填充"为深红色,"描边"为无,在绘制好的图标上绘制椭圆形得到"椭圆2",单击"添加图层样式"按钮 ,选择"渐变叠加"选项并设置参数,制作图案样式。

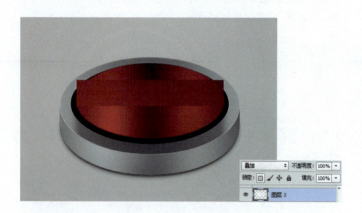

15 继续在"椭圆2"上单击"添加图层样式"按钮 ,选择"描边"选项并设置参数,制作图案样式。新建"图层4",设置前景色为白色,单击画笔工具 选择柔角画笔并适当调整大小及透明度,在画面上的开关图标上适当地涂抹,设置混合模式为"叠加",制作其高光效果。

16 新建"图层5",单击画笔工具 ,选择尖角笔刷,设置"大小"为7像素,设置前景色为黑色。然后单击钢笔工具在图像上绘制曲线路径,绘制完成后单击鼠标右键,在弹出的菜单中选择"描边路径"选项,弹出"描边路径"对话框,设置"工具"为"画笔",单击"确定"按钮,为路径添加黑色描边,然后按快捷键Ctrl+H隐藏路径。并设置其"不透明度"为60%。至此,本实例制作完成。

3.3.2 具有设计性的音乐旋钮图标

01 执行"文件>新建"命令,在弹出的"新建"对话框中设置各项参数及选项,设置完成后单击"确定"按钮,新建空白图像文件。

02 设置前景色为亮灰色(R238、G238、B238),按快捷键Alt+Delete,填充背景色为亮灰色。

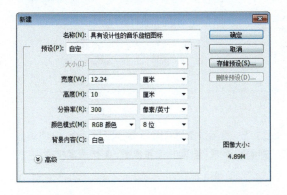

03 使用椭圆工具 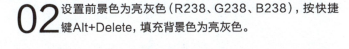,在其属性栏中设置其"填充"为淡红灰色,"描边"为无。在画面中间绘制椭圆,得到"椭圆1",单击"添加图层样式"按钮 fx,选择"颜色叠加"选项并设置参数,选择"描边"选项并设置参数,制作图案样式。制作凹进去的椭圆图标。

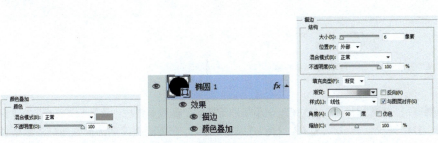

04 选择"椭圆1",按快捷键Ctrl+J复制得到"椭圆1副本",使用快捷键Ctrl+T变换图像大小,并将其放至于绘制的椭圆图标中间,单击"添加图层样式"按钮 fx,选择"投影"选项并设置参数,制作图案样式。

05 选择"椭圆1副本",按快捷键Ctrl+J复制得到"椭圆1副本2",将其移至图层上方。使用快捷键Ctrl+T变换图像大小,并将其放至于绘制的椭圆图标中间,修改其"投影"图层样式,在其"图层"面板上设置其"填充"为0%。

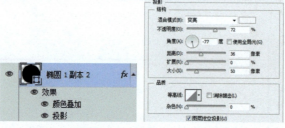
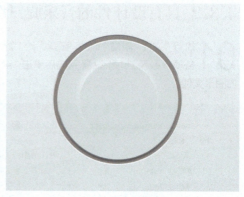

06 选择"椭圆1副本",按快捷键Ctrl+J复制得到"椭圆1副本3",将其移至图层上方,使用快捷键Ctrl+T变换图像大小,并将其放至于绘制的椭圆图标中间。单击"添加图层样式"按钮,选择"外发光""斜面和浮雕"选项并设置参数,制作图案样式。

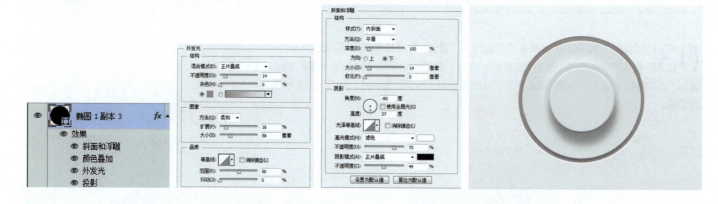

07 选择"椭圆1副本3",按快捷键Ctrl+J复制得到"椭圆1副本4"。使用快捷键Ctrl+T变换图像大小,并将其放至于绘制的椭圆图标中间,修改其"投影"图层样式,在其"图层"面板上设置其"填充"为0%。

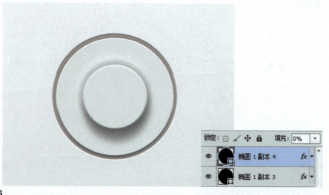

08 使用矩形工具,在其属性栏中设置其"填充"为淡灰色,"描边"为无,在画面上绘制的椭圆图标的合适位置绘制矩形,得到"矩形1",单击"添加图层样式"按钮,选择"投影"选项并设置参数,制作图案样式。

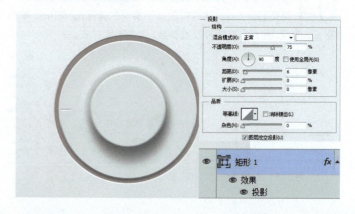

第 3 章 图标设计与软件操作

09 选择"矩形1",连续按快捷键Ctrl+J复制得到多个"矩形1副本",依次使用快捷键Ctrl+T变换图像大小,并将其放至于画面合适的位置,制作出具有一定尺度的椭圆图标。

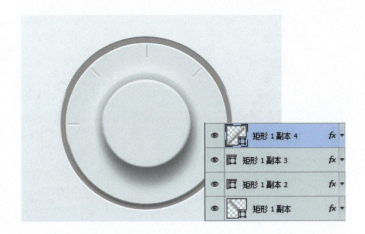

10 继续使用椭圆工具，在其属性栏中设置其"填充"为亮灰色,"描边"为无,在画面的图标上绘制椭圆,得到"椭圆2",单击"添加图层样式"按钮，选择"渐变叠加"选项并设置参数,制作图案样式。

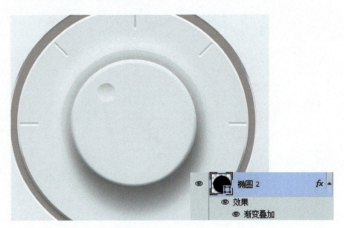

11 选择"椭圆2",连续按快捷键Ctrl+J复制得到多个"椭圆2副本",依次使用快捷键Ctrl+T变换图像大小,并将其放至于画面合适的位置,制作椭圆图标上面的标识。

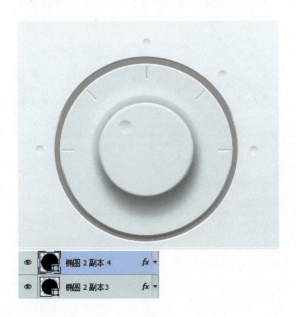

12 继续选择"椭圆2",按快捷键Ctrl+J复制得到"椭圆2副本5"将其移至图层上方。使用移动工具将其放至于画面合适的位置,单击"添加图层样式"按钮，选择"外发光"选项并设置参数,制作图案样式。

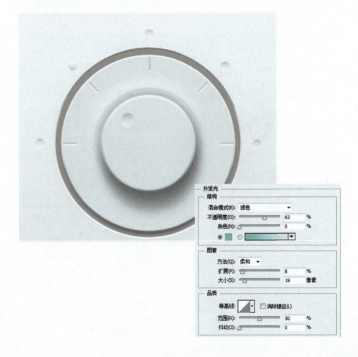

97

13 选择"椭圆2副本5",单击"添加图层样式"按钮 fx,选择"颜色叠加"选项并设置参数,制作图案样式。

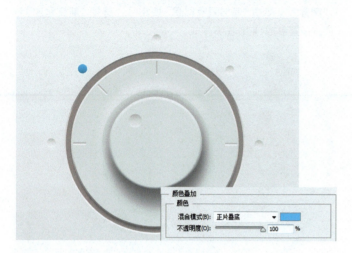

14 继续选择"椭圆2副本5",单击"添加图层样式"按钮 fx,选择"内阴影"选项并设置参数,制作图案样式。

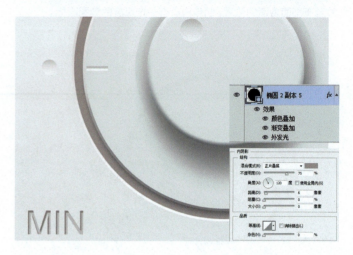

15 单击横排文字工具 T,设置前景色为淡红灰色,输入所需文字,双击文字图层,在其属性栏中设置文字的字体样式及大小,将其放至于画面合适的位置。单击"添加图层样式"按钮 fx,选择"内阴影"选项并设置参数,选择"投影"选项并设置参数,制作图案样式。

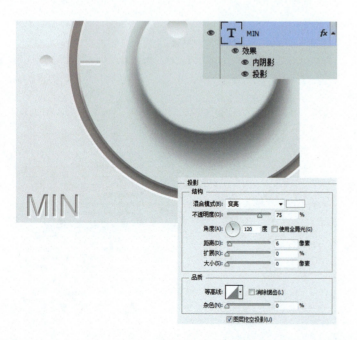

16 继续使用相同的方法,单击横排文字工具 T,设置前景色为淡红灰色,输入所需文字,双击文字图层,在其属性栏中设置文字的字体样式及大小,将其放至于画面合适的位置。单击"添加图层样式"按钮 fx,选择"内阴影"选项并设置参数,选择"投影"选项并设置参数,制作图案样式。至此,本实例制作完成。

3.3.3 具有设计性的导航栏图标的绘制

01 执行"文件>新建"命令,在弹出的"新建"对话框中设置各项参数及选项,设置完成后单击"确定"按钮,新建空白图像文件。

02 执行"文件>打开"命令,打开"背景.JPG"文件。拖曳到当前文件图像中,生成"背景"图层。

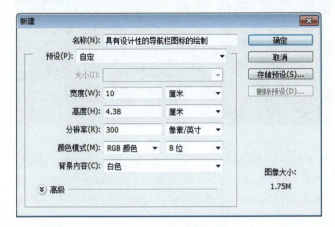

03 执行"文件>打开"命令,打开"文字.png"文件。拖曳到当前文件图像中,生成"图层1",使用快捷键Ctrl+T变换图像大小,并将其放至于画面中下方合适的位置。

04 选择"图层1",单击"添加图层样式"按钮 fx.,选择"描边"选项并设置参数,制作图案样式,并设置图层混合模式为"柔光"。

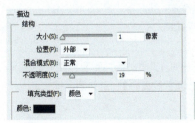

小编分享

在图片的后期处理中,图片上的文字就如男人的手表、女人的首饰一样,适当而精彩的文字能给图片起到点睛的装饰作用。当然文字的添加,并不是单纯地打字上图那么简单,无论是构图、编排、修饰都要反复斟酌。很多软件也相应推出一些文字修饰功能,比如文字描边就是其中比较常用的一种。

05 继续选择"图层1",单击"添加图层样式"按钮 fx,选择"颜色叠加"选项并设置参数,选择"内阴影"选项并设置参数,制作图案样式。

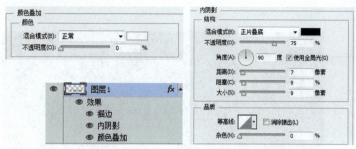

06 打开"锁链.png"文件。拖曳到当前文件图像中,生成"图层2",按快捷键Ctrl+J复制得到"图层2副本",分别选择图层,使用快捷键Ctrl+T变换图像大小,并将其放至于画面上方合适的位置。

07 使用圆角矩形工具,在其属性栏中设置其"填充"为红色,"描边"为无,在画面上方绘制圆角矩形,得到"圆角矩形1",单击"添加图层样式"按钮 fx,选择"描边""内阴影"选项并设置参数,制作图案样式。

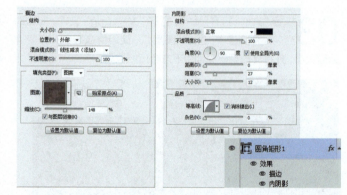

08 继续选择"圆角矩形1",单击"添加图层样式"按钮 fx,选择"投影边""内发光"选项并设置参数,制作图案样式。

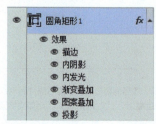

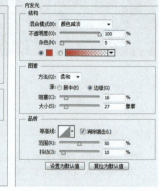

第 3 章　图标设计与软件操作

09 继续选择"圆角矩形1",单击"添加图层样式"按钮 fx.,选择"图案叠加""渐变叠加"选项并设置参数,制作图案样式。打开"纹样.png"文件。拖曳到当前文件图像中,生成"图层3",放置于分享框上合适的位置。

10 单击钢笔工具，在其属性栏中设置其属性为"形状","填色"为黑色。在画面上的矩形标题栏上绘制三角形,得到"形状1",单击"添加图层样式"按钮 fx.,选择"颜色叠加"选项并设置参数,制作图案样式。按快捷键Ctrl+J复制得到"形状1副本",使用快捷键Ctrl+T变换图像方向,放至于画面合适的位置。

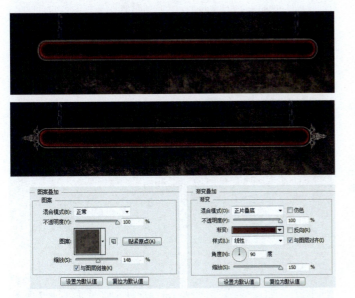

11 打开"图案.png"文件。拖曳到当前文件图像中,生成"图层4",使用快捷键Ctrl+T变换图像大小,并将其放至于合适的位置。新建"图层4",单击画笔工具，选择尖角笔刷,设置"大小"为3像素,设置前景色为白色。然后单击钢笔工具在图像上绘制曲线路径,绘制完成后单击鼠标右键,在弹出的菜单中选择"描边路径"选项,弹出"描边路径"对话框,为路径添加白色描边,并制作其"渐变叠加"图层样式。

12 按住Shift键并选择"图层4"和"图层5",按快捷键Ctrl+J复制得到"图层4副本"和"图层5副本",使用快捷键Ctrl+T变换图像大小,并将其放至于画面合适的位置。制作标题上面对称的图案样式,制作出具有游戏复古效果的图标。

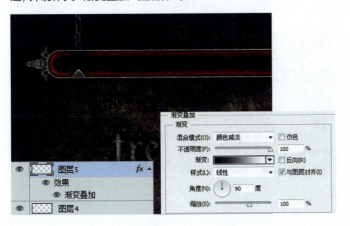

13 单击横排文字工具，设置前景色为白色，输入所需文字，双击文字图层，在其属性栏中设置文字的字体样式及大小，将其放至于画面上方图示栏上合适的位置。单击"添加图层样式"按钮，选择"斜面和浮雕"选项并设置参数，选择"投影"选项并设置参数，制作图案样式。

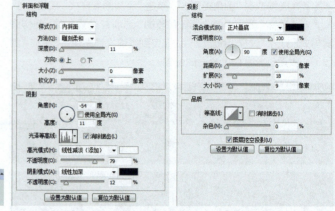

14 继续选择刚才制作的文字图层，单击"添加图层样式"按钮，选择"颜色叠加"选项并设置参数，选择"光泽"选项并设置参数，选择"描边"选项并设置参数，制作图案样式。

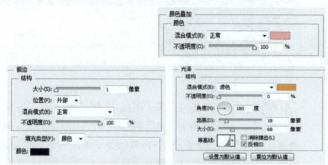

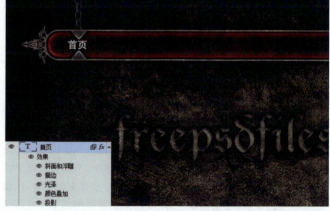

15 继续使用和刚才制作文字相同的方法输入文字并制作其文字的图层样式，使用移动工具将其放置于导航条上合适的位置。

16 单击"创建新的填充或调整图层"按钮，在弹出的菜单中选择"曲线"选项设置参数，调整画面的色调。

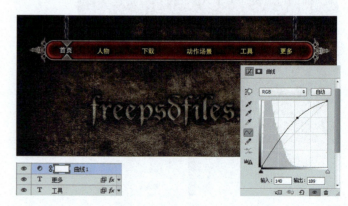

17 打开"血.png"文件。拖曳到当前文件图像中,生成"图层6",使用快捷键Ctrl+T变换图像大小,并将其放至于画面上合适的位置,设置混合模式为"颜色"。

18 新建"图层7",设置前景色为红色,单击画笔工具 选择柔角画笔并适当调整大小及透明度,在导航条上合适的位置涂抹,设置混合模式为"颜色减淡"。

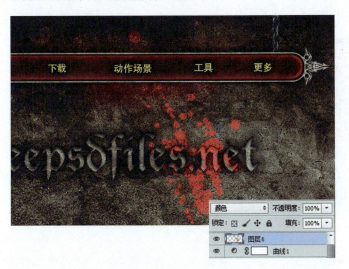

19 单击"创建新的填充或调整图层"按钮 ,在弹出的菜单中选择"色相/饱和度"选项并设置参数,调整画面的色调。

20 单击"创建新的填充或调整图层"按钮 ,在弹出的菜单中选择"亮度/对比度"选项设置参数,调整画面的色调。至此,本实例制作完成。

小编分享

在使用Photoshop调整图像的明亮程度时,亮度/对比度命令操作比较直观,可以对图像的亮度和对比度进行直接的调整。但是使用此命令调整图像颜色时,将对图像中所有的像素进行相同程度的调整,从而容易导致图像细节的损失,所以在使用此命令时要防止过度调整图像。

3.4　色彩斑斓的图标

色彩在设计中很重要，因为标志的背后代表的是一个图标或者其他一个形象以及观念的问题，它们都是相关联的。脱开主体的图标设计是没有任何意义的。色彩反映了主体的图标形象，精神的传达或者更多。

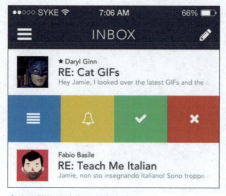 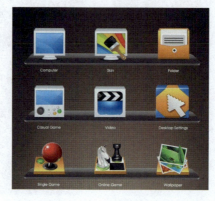 

色彩和图标设计密不可分的关系

图标中色彩存在冷暖感：红、橙、黄为暖色，易于联想太阳、火焰等，即产生温暖之感；而青、蓝为冷色，易于联想冰雪、海洋、清泉等，即产生清凉之感。另外还有一组冷暖的概念，即一般的色彩加入白会倾向冷，加入黑会倾向暖。如饮料包装多用冷色，白酒类包装多用暖色。色彩的冷暖感觉以色相的影响最大。

具有暖色调的图标

具有冷色调的图标

图标中色彩的轻重感主要由色彩的明度决定。一般明度高的浅色彩和色相冷的色彩感觉较轻，白色最低；明度低的深暗色彩和色相暖的色彩感觉重，其中黑色最重。明度相同，纯度高的色感轻，而冷色又比暖色显得轻。在具有写实效果的图标中，画面下部一般用明度、纯度低的色彩，以显稳定；对儿童设计的图标宜用明度、纯度高的色彩，以有轻快感。

具有明快色彩效果的图标

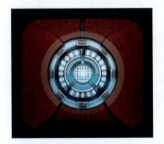

具有厚重感效果的图标

图标设计中色彩有华贵质朴感之分：纯度和明度较高的鲜明色，如红、橙、黄等具有较强的华丽感；而纯度和明度较低的沉着色，如蓝、绿等显得质朴素雅。同时色相的多少也起一定作用，色相多显得华丽，色相少显得朴素。

华丽色彩效果的图标　　　　　　　　　　　　　　　朴素色彩效果的图标

3.4.1 粉嫩色系图标

01 执行"文件>新建"命令,在弹出的"新建"对话框中设置各项参数及选项,设置完成后单击"确定"按钮,新建空白图像文件。

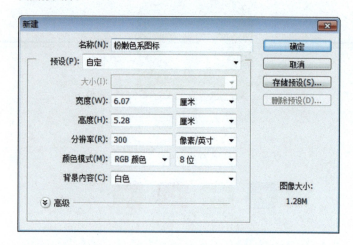

02 使用渐变工具,设置渐变颜色为灰色下深灰色的径向渐变,并在背景图层上从内到外拖出渐变。

03 使用矩形工具,在其属性栏中设置其"填充"为白色,"描边"为无,在画面中间绘制圆角矩形得到"圆角矩形1",在"圆角矩形1"下方新建"图层1",设置前景色为白色,单击画笔工具选择柔角画笔并适当调整大小及透明度,在其绘制的圆角矩形图标下方适当涂抹,制作出其图标的反光效果。

04 选择"圆角矩形1",按快捷键Ctrl+J复制得到"圆角矩形1副本",单击"添加图层样式"按钮,选择"内阴影"选项并设置参数,选择"内发光"选项并设置参数,制作图案样式。

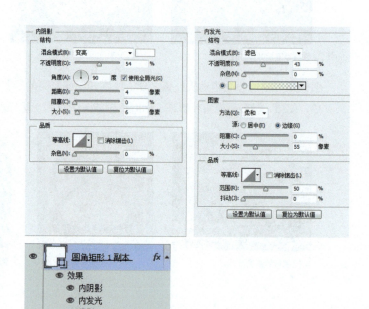

05 选择"圆角矩形1副本",单击"添加图层样式"按钮 fx., 选择"投影"选项并设置参数,制作图案样式。

06 执行"文件>打开"命令,打开"色彩.jpg"文件。拖曳到当前文件图像中,生成"图层2",使用快捷键Ctrl+T变换图像大小,并将其放至于画面合适的位置。按住Alt键并单击鼠标左键,创建其图层剪贴蒙版。制作图标上的色彩。

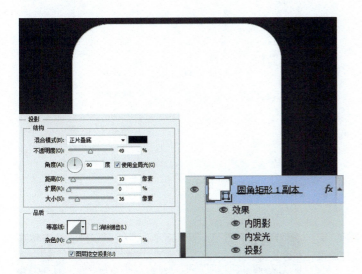

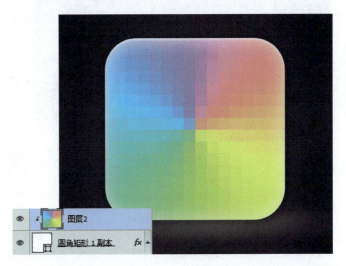

07 使用椭圆工具 ⬬, 在其属性栏中设置其"填充"为白色,"描边"为无,在绘制的图标上绘制椭圆得到"椭圆1",单击"添加图层样式"按钮 fx., 选择"内阴影""投影"选项并设置参数,制作图案样式。

08 在绘制的"椭圆1"上,继续单击"添加图层样式"按钮 fx., 选择"渐变叠加"选项并设置参数,制作图案样式。

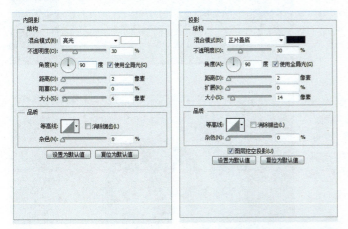

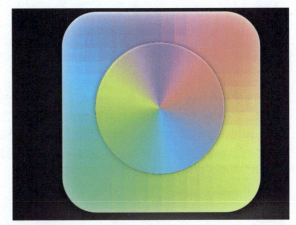

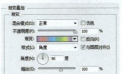

09 选择"椭圆1",按快捷键Ctrl+J复制得到"椭圆1副本",在其"图层"面板上设置其"填充"为0%。

10 选择"椭圆1副本",单击"添加图层样式"按钮 fx,选择"内发光"选项并设置参数,选择"内阴影"选项并设置参数,制作图案样式。

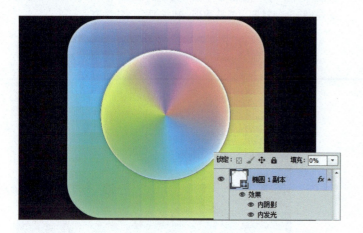
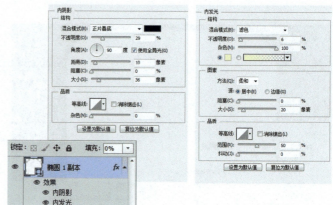

11 使用椭圆工具,在绘制的图标上继续绘制更小的椭圆,得到"椭圆2",单击"添加图层样式"按钮 fx,选择"颜色叠加"选项并设置参数,选择"描边"选项并设置参数,制作图案样式。

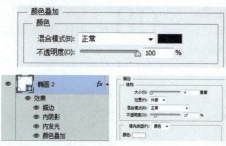

12 最后单击横排文字工具 T,输入所需文字,双击文字图层,在其属性栏中设置文字的字体样式及大小,将其放置于绘制的图标中间。单击"添加图层样式"按钮 fx,选择"内阴影"选项并设置参数,选择"渐变叠加"选项并设置参数,选择"投影"选项并设置参数,制作图案样式。在其"图层"面板上设置其"填充"为0%。将粉嫩色系图标制作完整。至此,本实例制作完成。

3.4.2 蓝绿色系图标

01 执行"文件>新建"命令,在弹出的"新建"对话框中设置各项参数及选项,设置完成后单击"确定"按钮,新建空白图像文件。

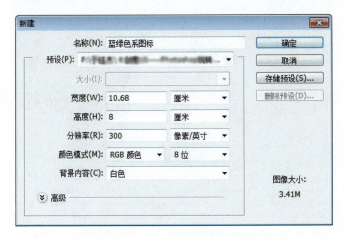

02 设置前景色为绿色(R171、G213、B110),按快捷键Alt+Delete,填充背景色为绿色。

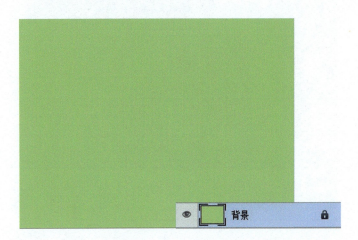

03 单击圆角矩形工具 ▣ ,在其属性栏中设置其"填充"为蓝色,"描边"为无,在画面中间合适的位置绘制圆角矩形图标,得到"圆角矩形1"。

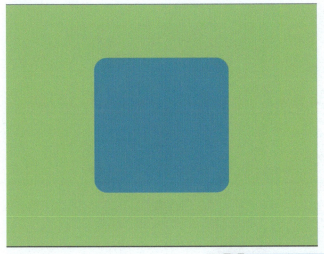

04 继续使用角矩形工具 ▣ ,在其属性栏中设置其"填充"为蓝色,"描边"为无,在绘制好的圆角矩形图标上继续绘制图标上的图案,按住Alt键并单击鼠标左键,创建其图层剪贴蒙版。

05 继续使用角矩形工具 ◉，在其属性栏中设置其"填充"为蓝色，"描边"为无，在绘制好的圆角矩形图标上继续绘制图标上的图案。

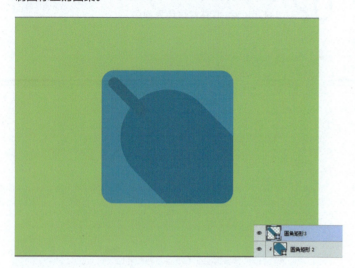

06 使用椭圆工具 ◉，在其属性栏中设置其"填充"为白色，"描边"为无，在绘制好的圆角矩形图标上继续绘制椭圆图案，得到"椭圆1"。

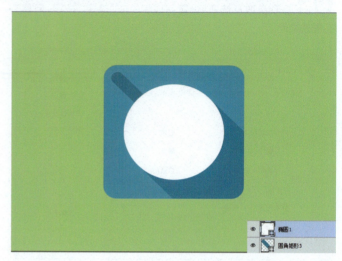

07 分别使用椭圆工具 ◉ 和钢笔工具 ✎，在其属性栏中设置其"填充"为蓝绿色，"描边"为无。结合其形状属性栏的设置绘制，在其属性栏中选择其需要的形状，在画面上绘制需要的图形，得到"椭圆2"。

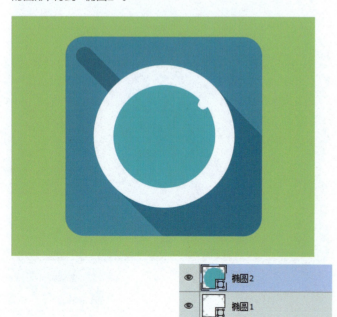

08 继续使用椭圆工具 ◉，在其属性栏中设置其需要的"填充"和"描边"，在画面绘制好的图标上，依次绘制需要的椭圆，得到"椭圆3"和"椭圆4"。

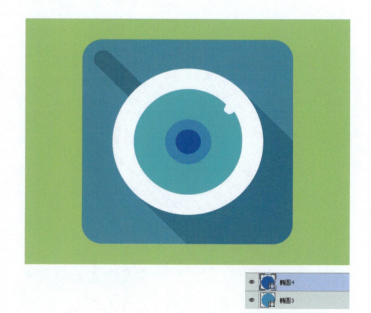

09 继续使用椭圆工具 ◉，在其属性栏中设置其需要的"填充"和"描边"，在画面绘制好的图标上，依次绘制需要的椭圆，得到"椭圆5"和"椭圆6"。

10 继续使用椭圆工具 ◉，在其属性栏中设置其"填充"为白色，"描边"为无。在绘制的图标上合适的位置绘制椭圆，得到"椭圆7"，并结合钢笔工具 ✎，结合其形状属性栏的设置绘制，在其属性栏中选择其需要的形状，在画面上绘制需要的图形。在其"图层"面板上设置其"不透明度"为20%，制作其图标上的光感。

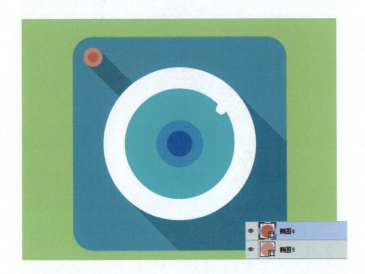

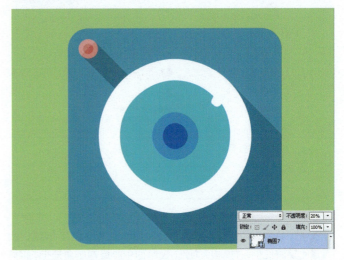

11 继续使用椭圆工具 ◉，在其属性栏中设置其"填充"为白色，"描边"为无。在绘制的图标上合适的位置绘制椭圆，得到"椭圆8"，按快捷键Ctrl+J复制得到"椭圆8副本"，使用快捷键Ctrl+T变换图像大小，并将其放至于画面合适的位置。

12 选择"椭圆7"，按快捷键Ctrl+J复制得到"椭圆8副本"，使用快捷键Ctrl+T变换图像大小，并将其放至于画面合适的位置。在其"图层"面板上设置其"不透明度"为20%，制作其图标上的光感，将蓝绿色系的图标制作完成。至此，本实例制作完成。

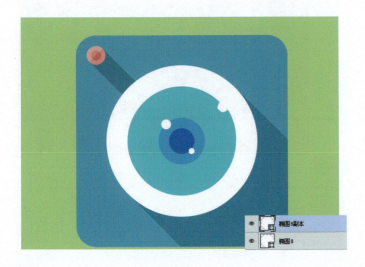

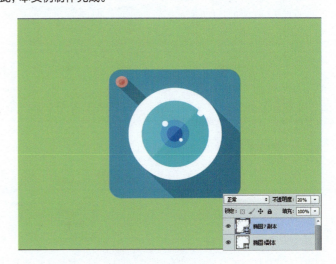

3.4.3 暖色调图标

01 执行"文件>新建"命令，在弹出的"新建"对话框中设置各项参数及选项，设置完成后单击"确定"按钮，新建空白图像文件。

02 设置前景色为红色（R208、G62、B58），按快捷键Alt+Delete，填充背景色为红色。

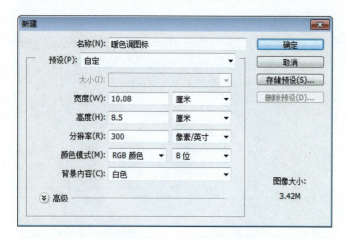

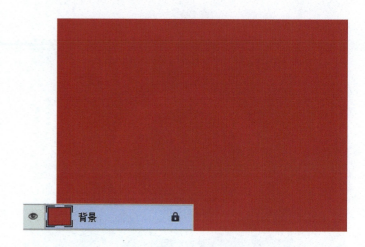

03 单击圆角矩形工具，在其属性栏中设置其"填充"为深红色，"描边"为无，在画面中心绘制圆角矩形，得到"圆角矩形1"。单击"添加图层样式"按钮，选择"斜面和浮雕""投影"选项并设置参数，制作图案样式。

04 继续在"圆角矩形1"上，单击"添加图层样式"按钮，选择"渐变叠加"选项并设置参数，制作图案样式。

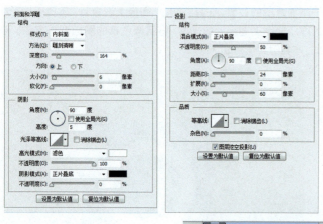

05 选择"圆角矩形1",按快捷键Ctrl+J复制得到"圆角矩形1副本",在其属性栏中更改其"填充"为淡黄色。并结合使用矩形工具,结合其形状属性栏的设置绘制,在其属性栏中选择其需要的形状,在画面上绘制需要的图形。

06 选择"圆角矩形1",单击"添加图层样式"按钮 fx,选择"斜面和浮雕"选项并设置参数,制作图案样式。

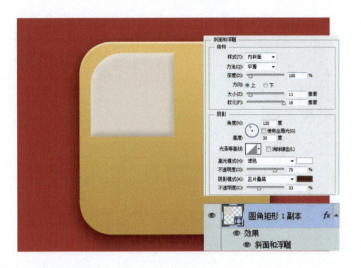

07 继续在"圆角矩形1"上,单击"添加图层样式"按钮 fx,选择"描边"选项并设置参数,制作图案样式。

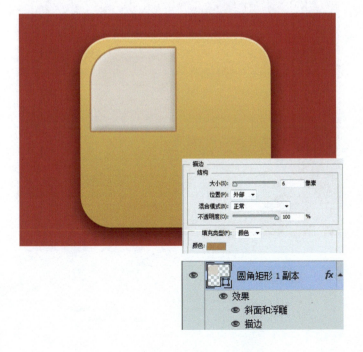

08 选择"圆角矩形1副本",按快捷键Ctrl+J复制得到"圆角矩形1副本2",使用快捷键Ctrl+T变换图像大小和方向,并将其放至于画面图标上合适的位置。

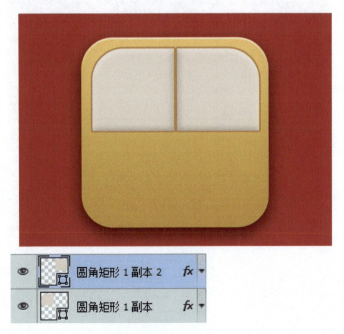

09 选择"圆角矩形1副本2",按快捷键Ctrl+J复制得到"圆角矩形1副本3",使用快捷键Ctrl+T变换图像大小和方向,并将其放至于画面图标上合适的位置。单击"添加图层样式"按钮 fx.,选择"投影"选项并设置参数,制作图案样式。

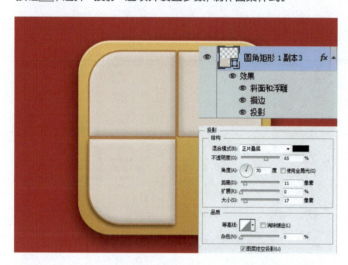

10 选择"圆角矩形1副本2",按快捷键Ctrl+J复制得到"圆角矩形1副本4",使用快捷键Ctrl+T变换图像大小和方向,并将其放至于画面图标上合适的位置。删除其"投影"图层样式。

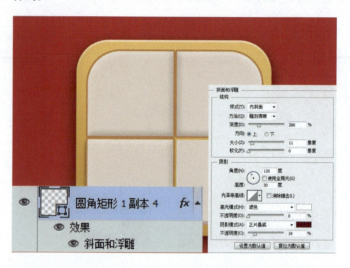

11 选择"圆角矩形1副本4",单击"添加图层样式"按钮 fx.,选择"描边"选项并设置参数,制作图案样式。

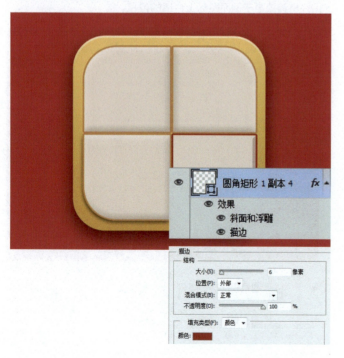

12 继续选择"圆角矩形1副本4",单击"添加图层样式"按钮 fx.,选择"内阴影"选项并设置参数,制作图案样式。

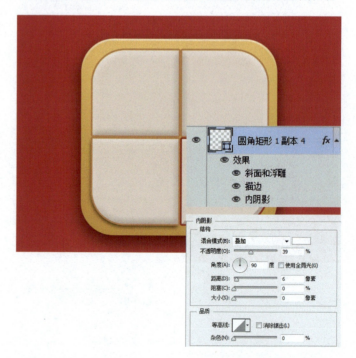

13 继续选择"圆角矩形1副本4",单击"添加图层样式"按钮 fx., 选择"渐变叠加"选项并设置参数,制作图案样式。

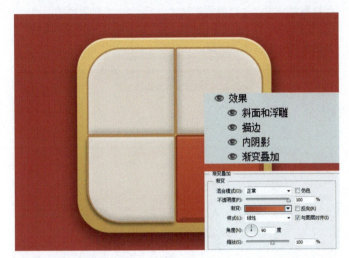

14 继续选择"圆角矩形1副本4",单击"添加图层样式"按钮 fx., 选择"投影"选项并设置参数,制作图案样式。

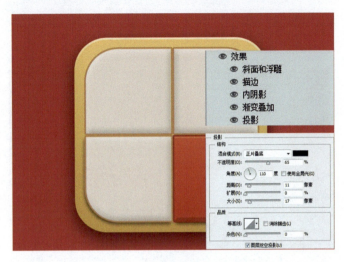

15 继续使用圆角矩形,在其属性栏中设置其"填充"为棕黄色,"描边"为无,结合其形状属性栏的设置绘制,在其属性栏中选择其需要的形状,在画面上绘制需要的图形,得到"圆角矩形2"。使用快捷键Ctrl+T变换图像大小,并将其放至于画面图标上合适的位置。

16 选择"圆角矩形2",单击"添加图层样式"按钮 fx., 选择"内阴影"选项并设置参数,制作图案样式。

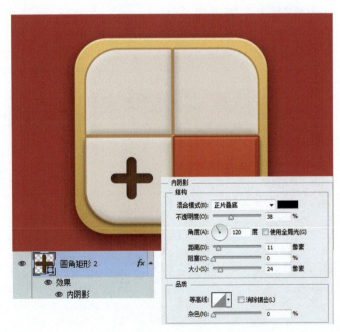

17 继续选择"圆角矩形2",单击"添加图层样式"按钮 fx., 选择"投影"选项并设置参数,制作图案样式。

18 继续使用圆角矩形 ■,在其属性栏中设置其"填充"为棕红色,"描边"为无,结合其形状属性栏的设置绘制,在其属性栏中选择其需要的形状,在画面上绘制需要的图形,得到"圆角矩形3"。使用快捷键Ctrl+T变换图像大小,并将其放至于画面图标上合适的位置。

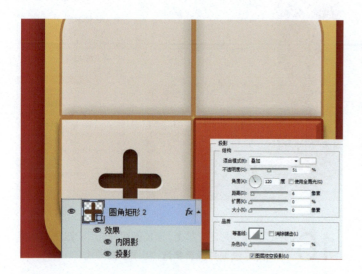

19 使用与制作"圆角矩形2"的图层样式一样的方式,单击"添加图层样式"按钮 fx.,选择"内阴影""投影"选项并设置参数,制作图案样式。

20 继续使用圆角矩形 ■,在其属性栏中设置其"填充",结合其形状属性栏的设置绘制,在其属性栏中选择其需要的形状,并使用与制作"圆角矩形2"的图层样式一样的方式,单击"添加图层样式"按钮 fx.,选择"内阴影""投影"选项并设置参数,制作图案样式,制作出具有暖色调的图标。至此,本实例制作完成。

第4章 扁平化图标设计

通过前面的学习,相信大家对图标及一般图标的绘制有一个初步的了解了,那么现在我们就通过制作扁平化图标设计开启我们的图标之旅吧!

·设计构思·

2016年扁平化设计进入2.0的时代。扁平化历来被人所诟病的方面即交互不够明显、按钮难以找到等。现在这些问题都可以通过增加一些小小的效果而得以解决。在iOS 10上，一些细微的效果逐渐被运用其中。

iOS 10扁平化设计

1. 扁平化设计配色方案

颜色是扁平化设计的重中之重。颜色的明暗、色彩的醒目程度、配色方案是单调还是多彩，这都非常值得研究。扁平化设计一般综合运用多种配色手法来创造一种优秀的视觉体验。醒目明亮的颜色能够增加视觉元素的趣味性，看起来很有国际范。"单调"的配色方案在扁平化设计中很流行。它通常会选择一些具有生气的颜色，然后在色调上进行调整。多彩风格是另外一种选择。不同的页面和面板使用不同的颜色，整体效果会非常棒，并能达到整体的层次感和有序感。

图标配色方案

在极简主义风格的设计中，设计师通常给予内容充足的空间以供传达，这样就能够简单、直接地讲述内容。从扁平化设计中又衍生出了几个不同的小流派，"似扁平化设计"和"长投影设计"就是最近被反复强调的两个概念。

大图片取代了动效

"似扁平化设计"和"长投影设计"

小编分享

"似扁平化设计"是以扁平化设计为基础，但是添加了一些简单的效果，比如简单的投影、基本的渐变。"长投影设计"在图标设计中使用较多，一般是一道45°角的阴影从图标中延伸而出，最近的图标设计中大部分都采用"长投影设计"。

❷. 高效率应用扁平化 UI 套件

通过 UI 套件，我们可以初步了解扁平化设计。套件非常节省时间——可以自由选择套件中的元素，然后进行试验。大多数 UI 套件的格式是 PSD，非常易于编辑。

应用扁平化UI套件

4.1 纯色形状扁平化图标

纯色形状扁平化图标具有一定的设计感和简单性，下面将通过应用类纯色形状扁平化图标和生活类纯色形状扁平化图标两类图标的绘制为大家讲解纯色形状扁平化图标的绘制。

实战 1 应用类纯色形状扁平化图标

设计思路：

本节中的实例是制作应用类纯色形状扁平化图标，通过使用各种形状工具并结合多种题材样式制作出纯色形状扁平化图标。

● **设计规格：**

尺寸规格：78×78（像素）
使用工具：圆角矩形工具、椭圆工具、矩形工具
源 文 件：第4章\Complete\应用类纯色形状扁平化图标.psd
视频地址：视频\第4章\应用类纯色形状扁平化图标.swf

● **设计色彩分析**

将图标制作成具有橘色色调的感觉，使其看上起具有清新的图标效果。

（R132、G132、B132）（R245、G245、B245）（R233、G138、B109）

01 新建空白图像文件

执行"文件>新建"命令，在弹出的"新建"对话框中设置各项参数及选项，完成后单击"确定"按钮，新建空白图像文件。

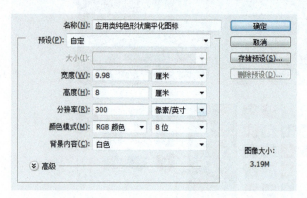

02 填充背景颜色

设置前景色为粉红色（R213、G112、B110），按快捷键Alt+Delete，填充背景色为粉红色。

03 绘制图标的大体圆角矩形形状

单击圆角矩形工具,在其属性栏中设置其"填充"为白色,"描边"为无,在画面中间绘制圆角矩形得到"圆角矩形1",绘制图标的大体圆角矩形形状。

04 绘制"圆角矩形1"图层样式

选择绘制好的"圆角矩形1",单击"添加图层样式"按钮,选择"内阴影"选项并设置参数,选择"投影"选项并设置参数,制作图案样式。

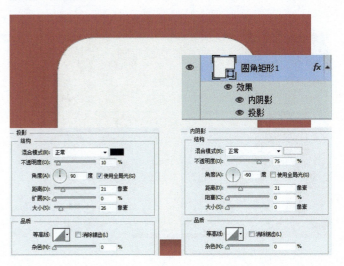

05 使用矩形工具绘制图标上的图案

使用矩形工具,在其属性栏中设置其"填充"为橘黄色,"描边"为无,在绘制好的圆角矩形上合适的位置绘制矩形得到"矩形1"。

06 使用椭圆工具绘制图标上的图案并制作其图案样式

使用椭圆工具,在其属性栏中设置其"填充"为玫红色,"描边"为无,单击"添加图层样式"按钮,选择"描边"选项并设置参数,制作图案样式。

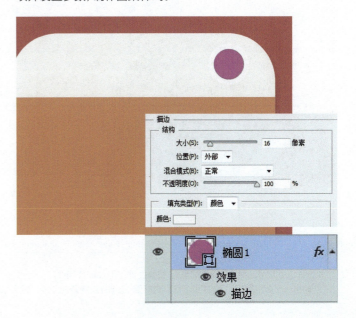

07 继续使用椭圆工具绘制图标上的图案

继续使用椭圆工具，在其属性栏中设置其"填充"为亮灰色，"描边"为无，在图标上继续绘制需要的椭圆图案，得到"椭圆2"。

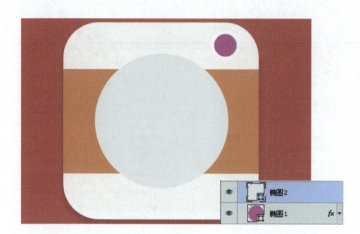

08 继续使用椭圆工具绘制图标上的图案及样式

继续使用椭圆工具，在其属性栏中设置其"填充"为深灰色，"描边"为无，在图标上继续绘制需要的椭圆图案，得到"椭圆3"。单击"添加图层样式"按钮，选择"内阴影"选项并设置参数，制作图案样式。

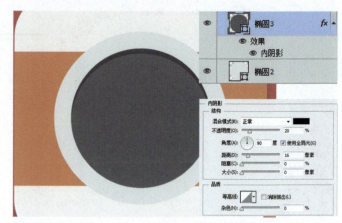

09 继续使用椭圆工具绘制图标上的椭圆图案

依次使用椭圆工具，在其属性栏中设置其不同的灰色"填充"，在图标上继续绘制需要的椭圆图案，得到"椭圆4"到"椭圆5"。复制"椭圆3"并将其移至"椭圆4"上方。

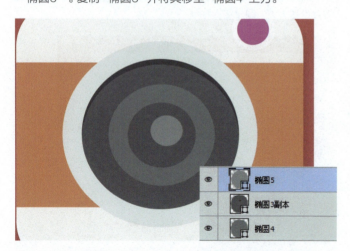

10 将绘制的图标进行编组并制作其图标的样式

按住Shift键并选择"圆角矩形1"到"椭圆5"，按快捷键Ctrl+G新建"组1"。单击"添加图层样式"按钮，选择"投影"选项并设置参数，制作图案样式。

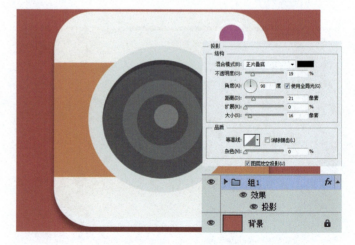

设计小结

1. 按住Shift键并选择需要编组的图层，按快捷键Ctrl+G新建"组"。
2. 单击"添加图层样式"按钮，选择"内阴影"选项并设置参数，选择"投影"选项并设置参数，制作图案样式。

实战 2 生活类纯色形状扁平化图标

设计思路：

本节中的实例是制作生活类纯色形状扁平化图标，分别使用各种形状工具结合其形状属性栏的设置绘制，在其属性栏中选择其需要的形状，并结合各种图层样式制作出生活类纯色形状扁平化图标。

● **设计规格：**

尺寸规格：78×78（像素）
使用工具：圆角矩形工具、椭圆工具、钢笔工具
源 文 件：第4章\ Complete\生活类纯色形状扁平化图标.psd
视频地址：视频\第4章\生活类纯色形状扁平化图标.swf

● **设计色彩分析**

图标上以白色为打底，并适当地采用渐变颜色制作图标上的图形，突出其色彩效果。

（R108、G108、B108）　（R32、G210、B56）　（R61、G108、B250）

01 新建空白图像文件

执行"文件>新建"命令，在弹出的"新建"对话框中设置各项参数及选项，完成后单击"确定"按钮，新建空白图像文件。

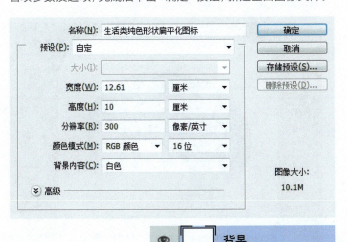

02 填充背景颜色

设置前景色为灰色（R108、G108、B108），按快捷键 Alt+Delete，填充背景色为灰色。

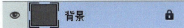

03 绘制图标的大体圆角矩形形状

单击圆角矩形工具，在其属性栏中设置其"填充"为白色，"描边"为无，在画面中间绘制圆角矩形得到"圆角矩形1"，绘制图标的大体圆角矩形形状。

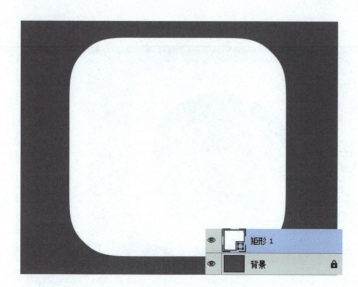

04 绘制图标上需要的图形

分别使用椭圆工具和钢笔工具，在其属性栏中设置其"填充"为蓝色，"描边"为无，并结合其形状属性栏的设置绘制，在其属性栏中选择其需要的形状，在画面上绘制需要的图形，得到"椭圆1"图层。

05 在绘制好的图形上制作其图层样式

选择"椭圆1"，单击"添加图层样式"按钮，选择"内阴影"选项并设置参数，制作图案样式。

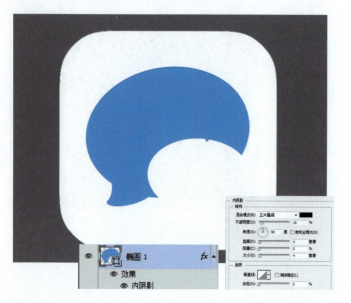

06 继续制作其图层样式

继续选择"椭圆1"，单击"添加图层样式"按钮，选择"渐变叠加"选项并设置参数，制作图案样式。

第 4 章 扁平化图标设计

07 继续制作其图标上的图案并制作其样式

继续使用椭圆工具 和钢笔工具 ，在其属性栏中设置其"填充"为蓝色，"描边"为无，并结合其形状属性栏的设置绘制，在其属性栏中选择其需要的形状，单击"添加图层样式"按钮 ，选择"内阴影""渐变叠加"选项并设置参数，制作图案样式。

08 使用椭圆工具绘制图标上的图案

使用椭圆工具 ，在其属性栏中设置其"填充"为白色，"描边"为无。在绘制好的图标上绘制椭圆得到"椭圆3"，连续按快捷键Ctrl+J复制得到两个"椭圆3副本"，并使用移动工具 将其移至画面中绘制好的图标上合适的位置制作通信样式的生活类图标。

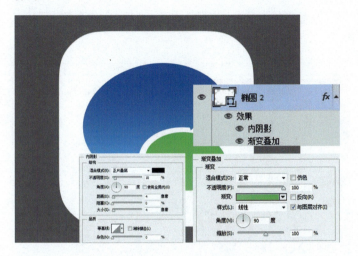

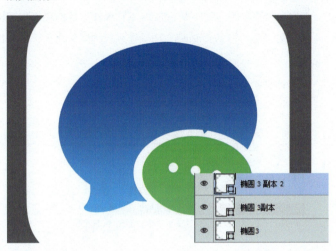

09 继续使用椭圆工具绘制图标上的图案

使用椭圆工具 ，在其属性栏中设置其需要的"填充"，"描边"为无。在绘制好的图标上绘制需要的不同大小的椭圆，制作图标上的眼睛形状。并设置其"不透明度"为27%。

10 生活类纯色形状扁平化图标制作完成

新建"图层1"，将其填充为黑色。执行"滤镜>杂色>添加杂色"命令，并在弹出的对话框中设置参数，完成后单击"确定"按钮。在其"图层"面板上设置其"填充"为19%。混合模式为"线性光"、"不透明度"为7%。至此，本实例制作完成。

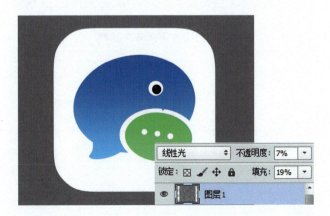

设计小结

1.为图像添加杂色，执行"滤镜>杂色>添加杂色"命令，并在弹出的对话框中设置参数，完成后单击"确定"按钮。
2.使用椭圆工具 ，在其属性栏中设置其需要的"填充""描边"，可绘制出需要的椭圆。

4.2 Windows XP 操作系统的扁平化图标

Windows 系统中的扁平化图标具有自己系统中独特的风格。下面小编将通过 Windows XP 操作系统的扁平化图标制作为读者们讲解 Windows 系统中扁平化图标的制作。

设计思路：

本节中的实例是制作 Windows XP 操作系统的扁平化图标。画面中通过添加具有一定视觉效果的背景，并结合各种形状工具以及文字工具将 Windows XP 操作系统的扁平化图标制作出来。

● 设计规格：

尺寸规格：1473×945（像素）
使用工具：矩形工具、椭圆工具、文字工具
源 文 件：第4章\Complete\Windows XP 操作系统的扁平化图标.psd
视频地址：视频\第4章\Windows XP 操作系统的扁平化图标.swf

● 设计色彩分析
画面使用具有一定画面效果的背景，使其具有温暖时尚的整体感觉。

（R192、G43、B0）　（R136、G136、B61）　（R255、G222、B153）

01 新建空白图像文件

执行"文件>新建"命令，在弹出的"新建"对话框中设置各项参数及选项，完成后单击"确定"按钮，新建空白图像文件。

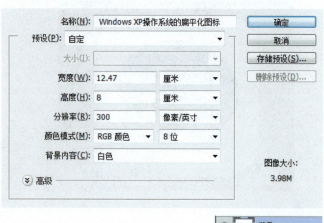

02 制作Windows XP操作系统画面的背景图案

执行"文件>打开"命令，打开"背景.jpg"文件。拖曳到当前文件图像中，生成"图层1"。

03 使用矩形工具制作Windows XP操作系统的扁平化图标

使用矩形工具，在其属性栏中设置其"填充"为绿色，"描边"为无，按住Shift键并在画面上依次绘制需要的矩形，得到"矩形1"， 在其"图层"面板上设置其"填充"为70%。制作Windows XP操作系统的扁平化图标。

04 制作扁平化图标上的图案

分别使用圆角矩形工具和椭圆工具，在其属性栏中设置其"填充"为白色，"描边"为无。结合其形状属性栏的设置绘制，在其属性栏中选择其需要的形状，在Windows XP操作系统的扁平化图标上绘制需要的图形，得到"圆角矩形1"。

05 继续制作扁平化图标上的图案

选择"圆角矩形1"，连续按快捷键Ctrl+J复制得到多个"圆角矩形1副本"，并将其移至画面图标上合适的位置。

06 制作Windows XP操作系统上的文字

单击横排文字工具，设置前景色为白色，输入所需文字，双击文字图层，在其属性栏中设置文字的字体样式及大小，并将其放至于画面合适的位置。

07 继续制作Windows XP操作系统上的文字效果

单击横排文字工具,设置前景色为白色,输入所需文字,双击文字图层,在其属性栏中设置文字的字体样式及大小,并将其放至于画面合适的位置。

08 继续制作Windows XP操作系统上的文字效果

单击横排文字工具,设置前景色为白色,输入所需文字,双击文字图层,在其属性栏中设置文字的字体样式及大小,并将其放至于画面合适的位置。

09 继续制作Windows XP操作系统上的文字效果

单击横排文字工具,设置前景色为白色,输入所需文字,双击文字图层,在其属性栏中设置文字的字体样式及大小,并将其放至于画面合适的位置。

10 继续制作Windows XP操作系统上的文字效果

单击横排文字工具,设置前景色为白色,输入所需文字,双击文字图层,在其属性栏中设置文字的字体样式及大小,并将其放至于画面合适的位置。至此,本实例制作完成。

设计小结

1. 制作Windows XP操作系统的画面上尽量简洁大方。
2. 制作Windows XP操作系统上的文字效果尽量使用细长的字体。

第5章

质感图标的设计

在图标设计中，质感图标的设计可以说是图标设计中最具有延展性和创造性的图标设计了，下面小编将从质感立体图标设计和质感写实图标设计两个方面为读者们详细讲解质感图标设计的制作和精髓。

·设 计 构 思·

质感图标在制作过程中需要将气质感、真实度和材质的表现尽量制作的真实一些。如今图标设计正向着多元化、个性化发展，色彩和质感的完美表达将是未来图标设计的发展趋势。

小编分享

> 一个标志图形的质感来自全方位的感受，当然包括了单纯的形和单纯的色，我们不能说一个单色的标志图形没有质感，回顾一下我们触觉能够感受到事物的哪些方面就知道了。我们可以通过触摸分辨一个事物的外轮廓是尖锐还是圆滑，所以图形的形状、形体和形态是质感的一部分；我们还可以通过肤觉感受光的冷暖，所以色彩的冷暖也是质感的一部分。只不过，这些方面在一个单色的标志图形里不被强化罢了，但是形和色都是质感组合的一部分。质感是可以通过形状来表现的，如下面的水墨标志，色彩单一，但还是有质感。

我们说的事物的光泽即是事物的透明度、发光度和反光率。我们对一个质感的把握很大层面上是通过光，事物反光到我们的眼睛里，我们才能识别事物。在三维软件里还原一种材质质感，除了形态、颜色外，很大部分工作就是在处理打光，处理光的反光度、折射率。"金属"之所以给我们金属的感觉，就是其镜面反射效果，这种反射的高光部分明亮耀眼，高光的轮廓也清晰些。纸张木材的漫反射，高光就没金属高光来得亮。下面我们来看几款优秀的金属质感图标。

图案和肌理都是针对事物的表面来说的，我们对事物的质感感受，多半来自其表面，我们触觉接触的就是表面。其中，表面部分"纹理"规则的就是图案，不规则的叫做肌理。

质感同时也要结合体积和空间，在后面的介绍里，我们会讲到体积空间及动态的处理方法，它们都是一体的，可以结合质感来表现。

通过图案与肌理表现质感　　　　　　　　　　　结合体积、空间和动态才能表现质感

5.1 质感立体图标设计

质感立体图标设计可以说是图标设计中比较难的并且常见的制作和表现,下面将通过立体透明图标制作、立体毛绒图标制作向大家详细介绍质感立体图标设计的制作和表现。

实战 1 立体透明图标制作

设计思路:

本节中的实例是制作立体透明图标。画面上使用中心渐变的背景制作的图标放在中间有聚焦的效果。使用各种形状工具绘制其形状,使用不同的图层样式制作出立体透明的图标。

● **设计规格:**
尺寸规格: 58×58(像素)
使用工具: 椭圆工具、钢笔工具
源 文 件: 第5章/ Complete/立体透明图标制作.psd
视频地址: 视频/ 第5章/ 立体透明图标制作.swf

● **设计色彩分析**
画面中的图标通过使用对比色来突出其图标的透明效果。

(R241、G248、B52) (R0、G102、B143) (38、G158、B195)

01 新建空白图像文件

执行"文件>新建"命令,在弹出的"新建"对话框中设置各项参数及选项,完成后单击"确定"按钮,新建空白图像文件。

02 制作画面上的渐变背景

新建"图层1",使用渐变工具,设置渐变颜色为蓝色到深蓝色的径向渐变,并在画面上从内向外拖出渐变。

03 添加素材制作图标里面的图案

打开"花朵.png"文件。拖曳到当前文件图像中,生成"图层2", 使用快捷键Ctrl+T变换图像大小,并将其放至于画面中间合适的位置。

04 制作图标里面的图案的图层样式

选择"图层2",单击"添加图层样式"按钮 fx ,选择"斜面和浮雕"选项并设置参数,制作图案样式。

05 继续制作图标里面的图案的图层样式

选择"图层2",单击"添加图层样式"按钮 fx ,选择"投影"选项并设置参数,制作图案样式。

06 制作椭圆图标的外围框架

使用椭圆工具，在画面中间合适的位置绘制椭圆,得到"椭圆1",在其"图层"面板上设置其"填充"为0%。单击"添加图层样式"按钮 fx ,选择"描边"选项并设置参数,制作图案样式。

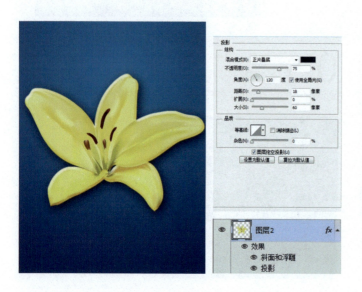

07 制作透明图标的外围框架效果

选择"椭圆1",单击"添加图层样式"按钮 fx.,选择"描边"选项并设置参数,制作图案样式。单击"添加图层样式"按钮 fx.,选择"内发光"选项并设置参数,制作图案样式。

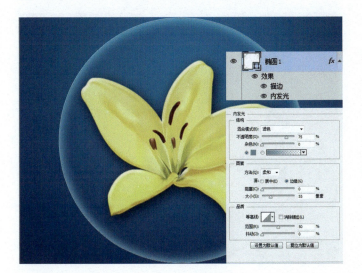

08 继续制作透明图标的外围框架效果

继续选择"椭圆1",单击"添加图层样式"按钮 fx.,选择"外发光"选项并设置参数,制作图案样式。

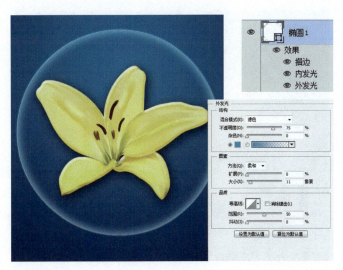

09 继续制作透明图标的外围框架效果

继续选择"椭圆1",单击"添加图层样式"按钮 fx.,选择"投影"选项并设置参数,制作图案样式。

10 进一步制作透明图标的效果

选择"椭圆1",按快捷键Ctrl+J复制得到"椭圆1副本",在其"图层"面板上设置其模式为"滤色",进一步制作透明图标的效果。

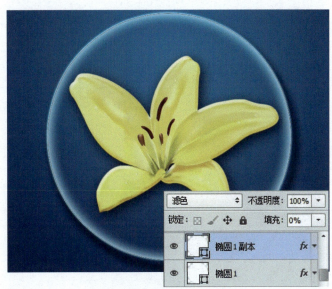

11 继续制作透明图标的外围框架效果

继续选择"椭圆1",按快捷键Ctrl+J复制得到"椭圆1副本2",并将其移至图层上方,选择图层单击鼠标右键选择"栅格化图层"选项,将图层栅格化。

12 继续制作透明图标外围框架的透明效果

选择"椭圆1副本2",并删除其"投影""内发光""描边"图层样式,更改混合模式为"正常"。

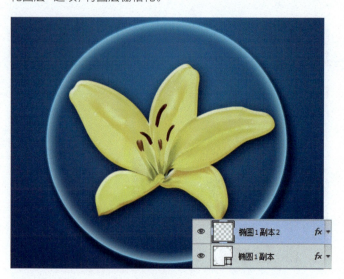

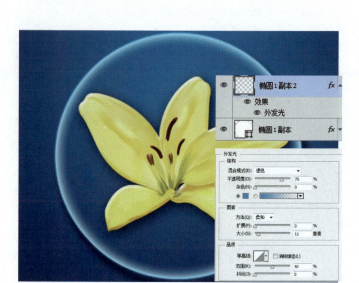

13 制作透明图标外围框架的透明反光效果

新建"图层4",按住Ctrl键并单击鼠标左键选择"椭圆1"图层,得到"椭圆1"图层的选区,并设置前景色为天蓝色,单击画笔工具,选择柔角画笔并适当调整大小及透明度,在选区内适当涂抹透明反光效果,完成后按快捷键Ctrl+D取消选区,单击"添加图层样式"按钮,选择"外发光"选项并设置参数,制作图案样式。

14 制作透明图标外围框架的透明高光效果

新建"图层4",按住Ctrl键并单击鼠标左键选择"椭圆1"图层,得到"椭圆1"图层的选区,并设置前景色为天蓝色,单击画笔工具,选择柔角画笔并适当调整大小及透明度,在选区内适当涂抹透明高光效果,完成后按快捷键Ctrl+D取消选区,单击"添加图层样式"按钮,选择"外发光"选项并设置参数,制作图案样式。

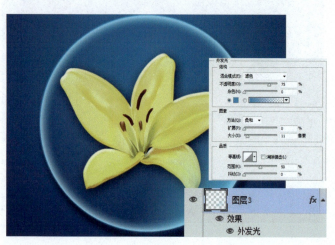

第 5 章 质感图标的设计

15 继续制作透明图标外围框架的透明高光效果
新建"图层5",按住Ctrl键并单击鼠标左键选择"椭圆1"图层,得到"椭圆1"图层的选区,并设置前景色为白色,单击画笔工具 选择柔角画笔并适当调整大小及透明度,在选区内适当涂抹透明高光效果,完成后按快捷键Ctrl+D取消选区。继续制作透明图标外围框架的透明高光效果。

16 制作需要的高光图案
单击钢笔工具 ,在其属性栏中设置其属性为"形状","填色"为白色,在画面上合适的位置,按住Shift键绘制需要的高光图案,得到"形状1",并在其"图层"面板上设置其"不透明度"为50%。

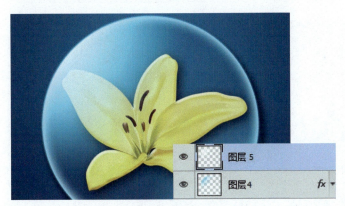

17 继续制作需要的高光图案
选择绘制好的"形状1",单击"添加图层蒙版"按钮 ,使用渐变工具 ,设置渐变颜色为黑色到透明色的线性渐变。并在蒙版上适当地拖出渐变制作需要的高光图案。

18 调整色调将画面制作完整
单击"创建新的填充或调整图层"按钮 ,在弹出的菜单中选择"色相/饱和度"选项并设置参数,调整画面的色调,将画面制作完整,至此,本实例制作完成。

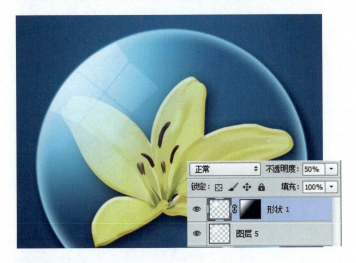

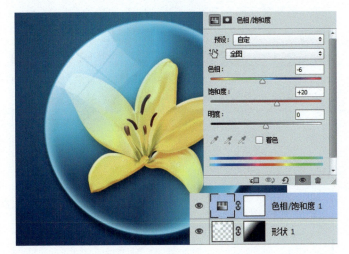

设计小结

1.单击"添加图层样式"按钮 ,选择"外发光"选项并设置参数,制作外发光图案样式。
2.制作透明图标,在其"图层"面板上设置其"填充"为0%,并制作其图层样式。

实战 2 立体毛绒图标制作

设计思路：

本节中的实例是制作立体毛绒图标，画面中运用图案叠加和渐变叠加的图案样式制作出画面的背景，使其绘制的毛绒图标更加突出，添加素材使用椭圆工具在画面上绘制需要的图案，并结合图层样式将立体毛绒图标制作完整。

- **设计规格：**
  - 尺寸规格：58×58（像素）
  - 使用工具：椭圆工具、画笔工具
  - 源 文 件：第5章/ Complete/立体毛绒图标制作.psd
  - 视频地址：视频/ 第5章/ 立体毛绒图标制作.swf

- **设计色彩分析**

  将画面中的背景制作成深色的渐变，可以突出透明图标的质感。

  （R170、G153、B117） （R174、G204、B50） （50、G154、B35）

01 新建空白图像文件

执行"文件>新建"命令，在弹出的"新建"对话框中设置各项参数及选项，完成后单击"确定"按钮，新建空白图像文件。

02 制作背景纹理

单击"创建新的填充或调整图层"按钮，在弹出的菜单中选择"图案填充"选项并设置参数。完成后单击"确定"按钮，得到"图案填充1"图层，并制作背景纹理。

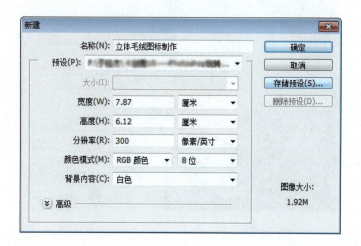

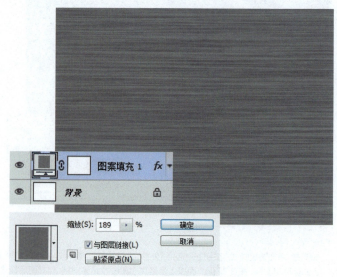

03 制作背景纹理的渐变颜色效果

选择制作的背景纹理"图案填充1"图层,单击"添加图层样式"按钮 fx.,选择"渐变叠加"选项并设置参数,制作图案样式。

04 制作毛绒图标的底层

打开"绒毛.png"文件。拖曳到当前文件图像中,生成"图层1",使用快捷键Ctrl+T变换图像大小,并将其放至于画面中间合适的位置。

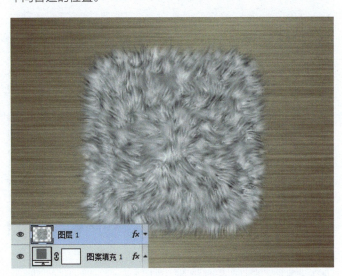

05 制作背景纹理的渐变颜色效果

选择"图层1",单击"添加图层样式"按钮 fx.,选择"斜面和浮雕"选项并设置参数,制作图案样式。单击"添加图层样式"按钮 fx.,选择"投影"选项并设置参数,制作图案样式。

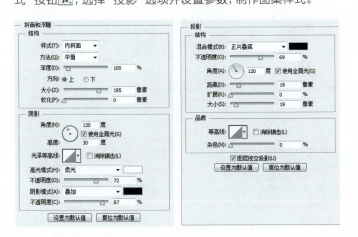

06 继续制作毛绒图标的底层的图层样式

继续选择"图层1",单击"添加图层样式"按钮 fx.,选择"渐变叠加"选项并设置参数,制作图案样式。

07 制作毛绒图标上的纽扣底层

使用椭圆工具，在其属性栏中设置其"填充"为天蓝色，"描边"为无，在绘制的毛绒图标中间绘制椭圆，得到"椭圆1"，在其"图层"面板上设置其混合模式为"叠加"，制作毛绒图标上的纽扣底层。

08 制作图标上纽扣底层的阴影

在绘制好的"椭圆1"下方，新建"图层2"，设置前景色为绿色，单击画笔工具，选择柔角画笔并适当调整大小及透明度，在图层上椭圆下方适当地涂抹，制作其阴影效果。并设置混合模式为"叠加"。

09 继续制作毛绒图标上的纽扣底层

选择"椭圆1"，按快捷键Ctrl+J复制得到"椭圆1副本"，更改其"填充"为白色，并在其"图层"面板上设置其"不透明度"为15%。

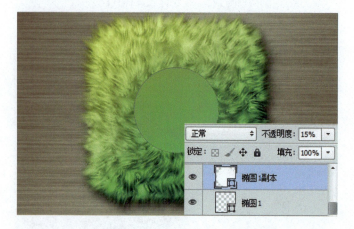

10 继续制作毛绒图标上的纽扣底层及图层样式

继续选择"椭圆1"，按快捷键Ctrl+J复制得到"椭圆1副本2"，将其移至图层上方，单击"添加图层样式"按钮，选择"斜面和浮雕""内阴影"选项并设置参数，制作图案样式。

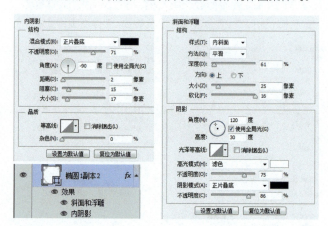

技巧点拨

"斜面和浮雕"图层样式

斜面和浮雕可以说是Photoshop图层样式中最复杂的，其中包括内斜面、外斜面、浮雕、枕形浮雕和描边浮雕，虽然每一项中包含的设置选项都一样。

11 继续制作毛绒图标上的纽扣底层图层样式

继续选择"椭圆2副本2",单击"添加图层样式"按钮 fx.,选择"内发光"选项并设置参数,制作图案样式。

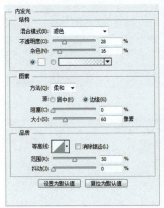

12 继续制作毛绒图标上的纽扣底层图层样式

继续选择"椭圆2副本2",单击"添加图层样式"按钮 fx.,选择"投影"选项并设置参数,制作图案样式。

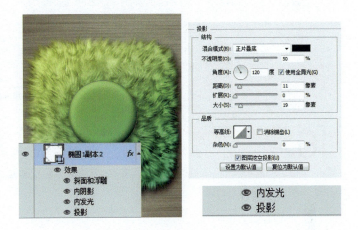

13 制作纽扣上的高光部分

新建"图层3",单击画笔工具 ,选择尖角笔刷,设置"大小"为15像素,设置前景色为白色。然后单击钢笔工具在图像上绘制曲线路径,绘制完成后单击鼠标右键,在弹出的菜单中选择"描边路径"选项,弹出"描边路径"对话框,设置"工具"为"画笔",单击"确定"按钮,为路径添加黑色描边,然后按快捷键Ctrl+H隐藏路径。

14 继续制作纽扣图标

继续使用椭圆工具 ,在绘制好的椭圆上继续绘制椭圆,得到"椭圆2",在其"图层"面板上设置其"填充"为0%,制作纽扣图标。

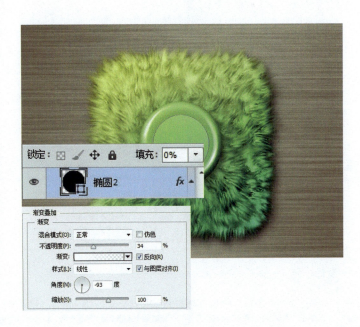

15 制作纽扣图案样式

选择绘制好的"椭圆2",单击"添加图层样式"按钮 fx.,选择"内阴影"选项并设置参数,选择"内发光"选项并设置参数,选择"渐变叠加"选项并设置参数,选择"投影"选项并设置参数,制作图案样式。

16 添加素材制作纽扣样式

执行"文件>打开"命令,打开"纽扣.png"文件。拖曳到当前文件图像中,生成"图层4",使用快捷键Ctrl+T变换图像大小和方向,并将其放至于画面合适的位置。

17 编组所有纽扣的图层制作图层样式

按住Shift键并选择"椭圆1"和"图层4",按快捷键Ctrl+G新建"组1"。单击"添加图层样式"按钮 fx.,选择"投影"选项并设置参数,制作图案样式。

18 将立体毛绒图标制作完成

按快捷键Shift+Ctrl+Alt+E盖印图层得到"图层5",使用加深工具，在其纽扣的四周涂抹,并设置其"不透明度"为81%,制作其嵌入的效果。单击"创建新的填充或调整图层"按钮,在弹出的菜单中选择"色相/饱和度"选项并设置参数。至此,本实例制作完成。

设计小结

1. 单击"添加图层样式"按钮 fx.,选择"斜面和浮雕"选项并设置参数,制作斜面和浮雕图案样式。
2. 单击"添加图层样式"按钮 fx.,选择"渐变叠加"选项并设置参数,制作渐变叠加图案样式。

5.2 质感写实图标设计

质感写实图标设计可以说是图标设计中比较难的制作和表现,下面将通过制作逼真水果图标、逼真食物图标以及金属质感写实图标和逼真生活物品图标为大家详细介绍质感写实图标设计的制作和表现。

实战 1 逼真质感图标

设计思路:

本节中的实例是制作逼真质感图标,画面中通过采用"图案叠加"等图层样式来制作画面中的图案,并采用深棕色系的颜色作为画面的背景使其质感图标具有高端大气的效果,再结合各种形状工具将画面制作完成。

● **设计规格:**

尺寸规格:139×181(像素)
使用工具:圆角矩形工具、椭圆工具、钢笔工具
源 文 件:第5章/ Complete/逼真质感图标.psd
视频地址:视频/第5章/逼真质感图标.swf

● **设计色彩分析**

本案例中采用深棕色系的颜色作为画面的背景,使其质感图标具有高端大气的效果。

(R184、G199、B210) (R216、G132、B63) (R40、G23、B17)

01 新建空白图像文件
执行"文件>新建"命令,在弹出的"新建"对话框中设置各项参数及选项,完成后单击"确定"按钮,新建空白图像文件。

02 制作画面背景
新建"图层1",设置前景色为深灰色(R50、G50、B50),按快捷键Alt+Delete,填充背景色为深灰色。

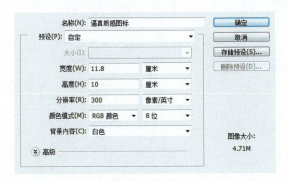

03 制作背景内阴影效果

选择"图层1",单击"添加图层样式"按钮 fx.,选择"内阴影"选项并设置参数,制作图案样式。

04 制作背景图案叠加效果

打开"皮质.jpg"文件。生成"背景"图层,执行"编辑>定义图案"命令,在弹出的对话框中设置定义图案的名称,将其图案自定义,继续选择"图层1",单击"添加图层样式"按钮 fx.,选择"图案叠加"选项并设置参数,制作图案样式。

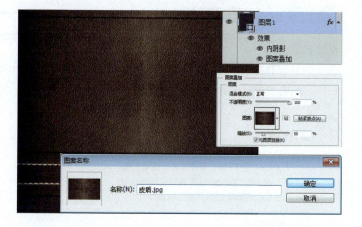

05 创建"色相/饱和度1",以调整背景色调

单击"创建新的填充或调整图层"按钮,在弹出的菜单中选择"色相/饱和度"选项并设置参数,调整背景色调。

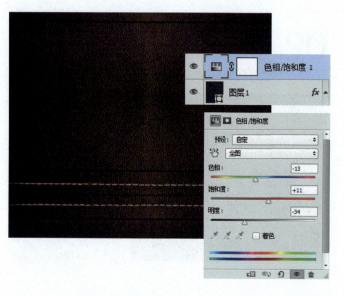

06 绘制图标下方的拉链条

单击圆角矩形工具,在其属性栏中设置其"填充"为黑色,"描边"为无,在画面上合适的位置绘制圆角矩形,得到"圆角矩形1"。单击"添加图层样式"按钮 fx.,选择"斜面和浮雕"选项并设置参数,制作图案样式,单击"添加图层样式"按钮 fx.,选择"描边"选项并设置参数,制作图案样式。

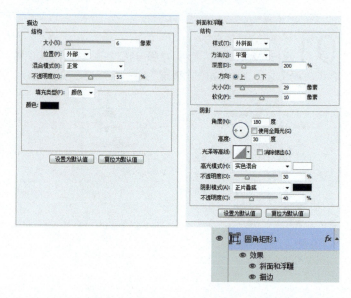

07 继续制作图标下方的拉链条的图层样式

选择绘制好的"圆角矩形1",单击"添加图层样式"按钮 fx,选择"内阴影""投影"选项并设置参数,制作图案样式。

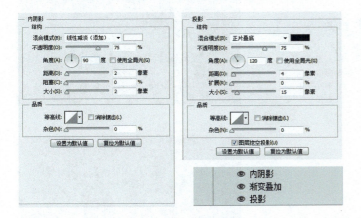

08 继续制作图标下方的拉链条的图层样式

选择绘制好的"圆角矩形1",单击"添加图层样式"按钮 fx,选择"渐变叠加"选项并设置参数,制作图案样式。

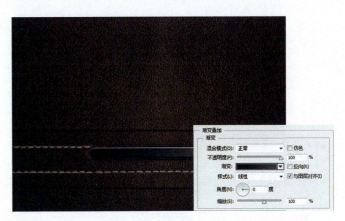

09 将图标下方的拉链条的两端制作出来

选择"圆角矩形1",按快捷键Ctrl+J复制得到"圆角矩形1副本",使用快捷键Ctrl+T变换图像方向,并将其放至于画面合适的位置,将图标下方的拉链条的两端制作出来。

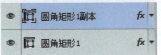

10 绘制图标下方的拉链条上的拉链及图层样式

单击圆角矩形工具,在其属性栏中设置其"填充"为白色,"描边"为无,在画面上合适的位置绘制圆角矩形,得到"圆角矩形2"。单击"添加图层样式"按钮 fx,选择"斜面和浮雕"选项并设置参数,制作图案样式,单击"添加图层样式"按钮 fx,选择"描边"选项并设置参数,制作图案样式。

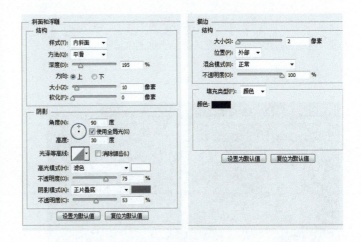

11 继续制作图标下方的拉链的图层样式

选择绘制好的"圆角矩形2",单击"添加图层样式"按钮 fx.,选择"渐变叠加""投影"选项并设置参数,制作图案样式。

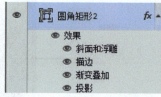

12 继续制作图标下方的拉链

选择"圆角矩形2",连续按快捷键Ctrl+J复制得到多个"圆角矩形2副本",依次使用快捷键Ctrl+T变换图像方向,并将其放至于画面合适的位置。

13 继续制作图标下方的拉链

继续选择"圆角矩形2",连续按快捷键Ctrl+J复制得到多个"圆角矩形2副本",将其移至图层上方。依次使用快捷键Ctrl+T变换图像方向,并将其放至于画面合适的位置。

14 继续制作图标下方的拉链并编组

继续选择"圆角矩形2",连续按快捷键Ctrl+J复制得到多个"圆角矩形2副本",将其移至图层上方。依次使用快捷键Ctrl+T变换图像方向,并将其放至于画面合适的位置。按住Shift键并选择"圆角矩形2"到"圆角矩形2副本33",按快捷键Ctrl+G新建"组1"。

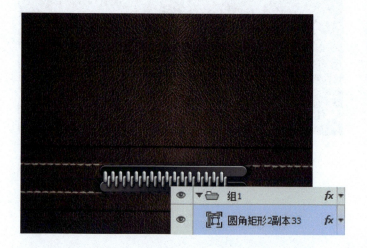

15 制作图标下方的拉链上的图层样式

选择"组1",单击"添加图层样式"按钮 fx,选择"斜面和浮雕"选项并设置参数,制作图案样式。单击"添加图层样式"按钮 fx,选择"投影"选项并设置参数,制作图案样式。

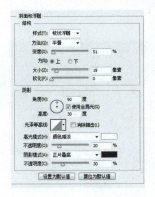
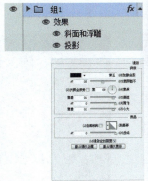

16 绘制拉链左边的图案及样式

分别使用圆角矩形工具和钢笔工具,结合其形状属性栏的设置绘制,在其属性栏中选择其需要的形状,在画面上绘制需要的图形,得到"圆角矩形3"。单击"添加图层样式"按钮 fx,选择"斜面和浮雕""投影"选项并设置参数,制作图案样式。

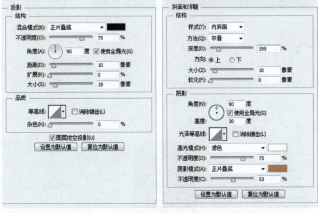

17 继续制作拉链左边的图案样式

选择"圆角矩形3",单击"添加图层样式"按钮 fx,选择"渐变叠加"选项并设置参数,制作图案样式。

18 制作拉链右边的图案及样式

选择"圆角矩形3",按快捷键Ctrl+J复制得到"圆角矩形3副本",使用快捷键Ctrl+T变换图像方向,并将其放至于画面合适的位置。使用钢笔工具,结合其形状属性栏的设置绘制,在其属性栏中选择其需要的形状,在画面上绘制需要的图形。更改其"渐变叠加"的图案样式。

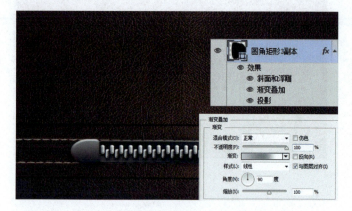

19 制作拉链的把手

继续分别使用圆角矩形工具和钢笔工具,结合其形状属性栏的设置绘制,在其属性栏中选择其需要的形状,在画面上绘制需要的图形,得到"圆角矩形4"。单击"添加图层样式"按钮,选择"斜面和浮雕""渐变叠加""投影"选项并设置参数,制作图案样式。

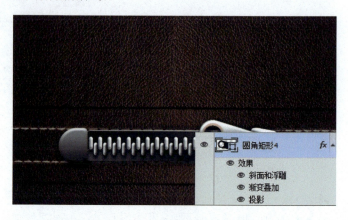

20 制作拉链的把手上的细节

使用圆角矩形工具,在其属性栏中设置其"填充"为白色,在绘制的拉链上绘制圆角矩形的细节,得到"圆角矩形5"。单击"添加图层样式"按钮,选择"斜面和浮雕""渐变叠加""描边"选项并设置参数,制作图案样式。

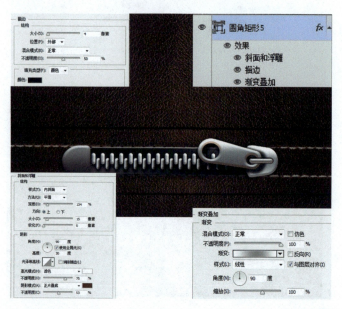

21 绘制图标的底部并制作其图案样式

使用圆角矩形工具,在其属性栏中设置其"填充"为深灰色,"描边"为无,在画面中间绘制需要的圆角矩形图标,得到"圆角矩形6"。单击"添加图层样式"按钮,选择"斜面和浮雕""描边"选项并设置参数,制作图案样式。

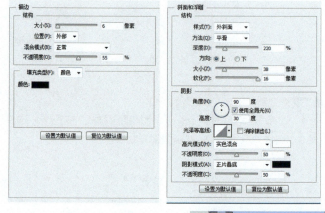

22 继续制作圆角矩形上的图案样式

继续选择"圆角矩形6",单击"添加图层样式"按钮 fx.,选择"内阴影""投影"选项并设置参数,制作图案样式。

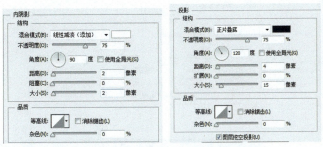

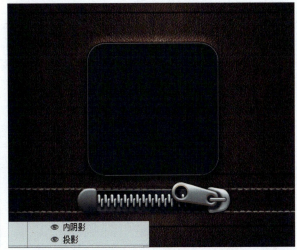

23 绘制图标的底部的图案并制作其图案样式

使用圆角矩形工具,在其属性栏中设置其"填充"为红棕色,"描边"为无,在画面中间绘制需要的圆角矩形图标,得到"圆角矩形7"。单击"添加图层样式"按钮 fx.,选择"斜面和浮雕""内阴影"选项并设置参数,制作图案样式。

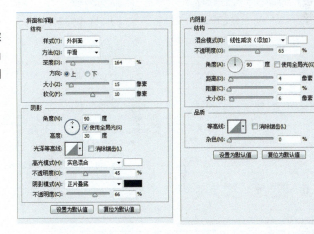

24 继续制作圆角矩形上的图案样式

继续选择"圆角矩形7",单击"添加图层样式"按钮 fx.,选择"内发光""图案叠加"选项并设置参数,制作图案样式。

25 绘制图标上的图案并制作其图案样式

使用圆角矩形工具，在其属性栏中设置其"填充"为红棕色，"描边"为无，在画面中间绘制需要的圆角矩形图标，得到"圆角矩形8"。单击"添加图层样式"按钮，选择"斜面和浮雕""描边"选项并设置参数，制作图案样式。

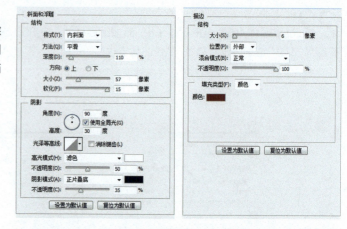

26 继续制作圆角矩形上的图案样式

继续选择"圆角矩形8"，单击"添加图层样式"按钮，选择"内阴影""渐变叠加"选项并设置参数，制作图案样式。

  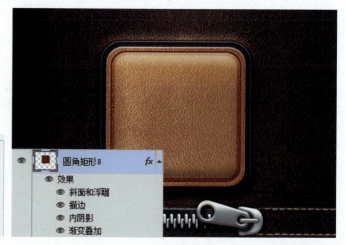

技巧点拨

"描边"图层样式

Photoshop CS6"描边"选项为图层中的图像制作轮廓效果，通过设置Photoshop CS6描边面板中的选项来调整描边图像的大小、位置和类型效果等。

27 绘制图标中间的图案并制作其图案样式

使用椭圆工具，在其属性栏中设置其"填充"为红棕色，"描边"为无，在画面中间绘制需要的圆角矩形图标，得到"椭圆2"。单击"添加图层样式"按钮，选择"斜面和浮雕""内阴影"选项并设置参数，制作图案样式。

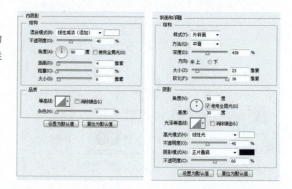

28 继续制作圆角矩形上的图案样式

继续选择"椭圆2",单击"添加图层样式"按钮 fx.,选择"图案叠加"选项并设置参数,制作图案样式。

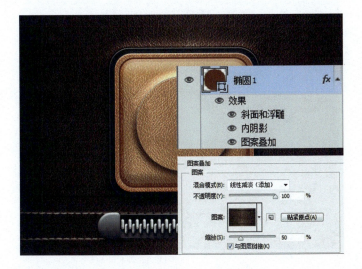

29 继续绘制图标中间的图案并制作其图案样式

继续使用椭圆工具，在其属性栏中设置其"填充"为红棕色,"描边"为无,在画面中间绘制需要的圆角矩形图标,得到"椭圆2"。单击"添加图层样式"按钮 fx.,选择"斜面和浮雕"选项并设置参数,制作图案样式。

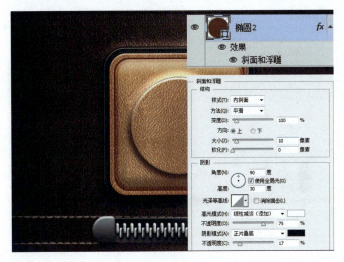

30 继续绘制图标中间的图案并制作其图案样式

继续使用椭圆工具，在其属性栏中设置其"填充"为红棕色,"描边"为无,在画面中间绘制需要的圆角矩形图标,得到"椭圆3"。单击"添加图层样式"按钮 fx.,选择"内阴影""内发光"选项并设置参数,制作图案样式。

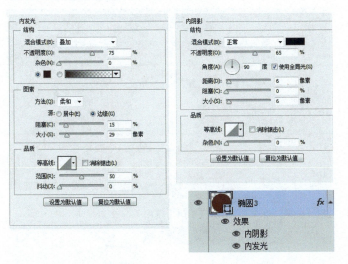

31 继续制作圆角矩形上的图案样式

继续选择"椭圆3"单击"添加图层样式"按钮 fx.,选择"投影"选项并设置参数,制作图案样式。

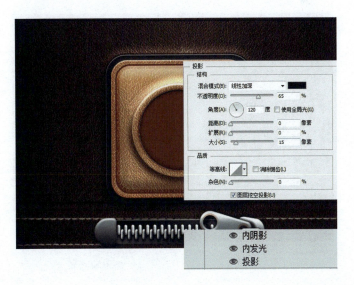

32 继续绘制图标中间的图案并制作其图案样式

继续使用椭圆工具，在其属性栏中设置其"填充"为白色，"描边"为无，在画面中间绘制需要的圆角矩形图标，得到"椭圆4"。单击"添加图层样式"按钮，选择"斜面和浮雕"选项并设置参数，制作图案样式。

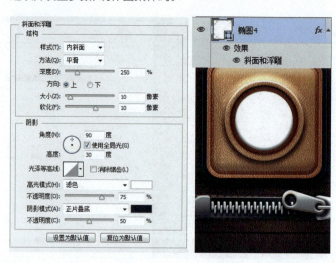

33 继续制作圆角矩形上的图案样式

继续选择"椭圆4"，单击"添加图层样式"按钮，选择"描边"选项并设置参数，制作图案样式。

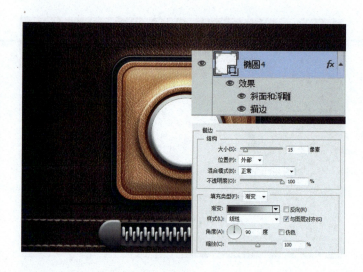

34 继续制作圆角矩形上的图案样式

选择"椭圆4"，按快捷键Ctrl+J复制得到"椭圆4副本"，将其"描边"图层样式删除。

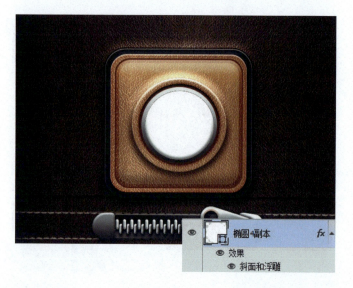

35 制作质感图标上的阴影效果

在"椭圆4"下方，新建"图层2"，设置前景色为黄色，单击画笔工具，选择柔角画笔并适当调整大小及透明度，在其图标中间绘制其阴影图样，在其"图层"面板上设置其混合模式为"正片叠底"。

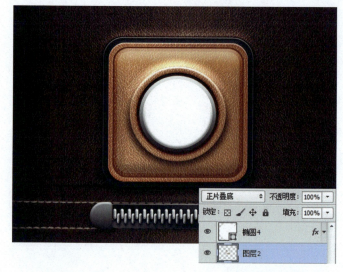

36 制作质感图标上的图案样式

选择"椭圆4副本",单击"添加图层样式"按钮 fx ,选择"内阴影"选项并设置参数,制作图案样式。单击"添加图层样式"按钮 fx ,选择"内发光"选项并设置参数,制作图案样式。

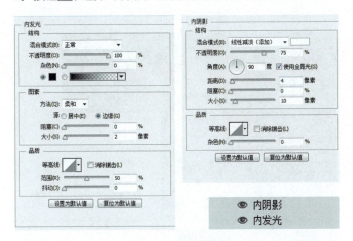

37 继续制作质感图标上的图案样式

选择"椭圆4副本",单击"添加图层样式"按钮 fx ,选择"渐变叠加"选项并设置参数,制作图案样式。

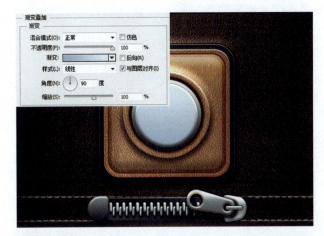

38 继续制作质感图标上的图案样式

选择"椭圆4副本",单击"添加图层样式"按钮 fx ,选择"外发光""投影"选项并设置参数,制作图案样式。

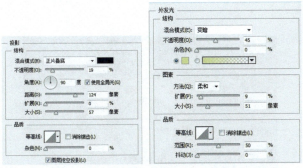

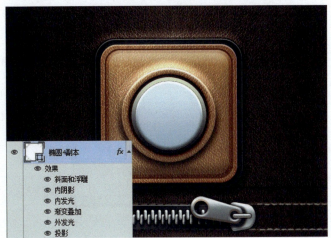

技巧点拨

"渐变叠加"图层样式

设置渐变的类型包括线性、径向、对称、角度和菱形。这几种渐变类型都比较直观,不过"角度"稍微有点特别。"渐变叠加"图层样式会将渐变色围绕图层中心旋转360°展开,其原理和在平面坐标系中沿×轴方向展开形成的"线性"渐变效果一样。

39 制作质感图标上的小细节

继续使用椭圆工具 ◯，在其属性栏中设置其"填充"为黑色，"描边"为无，在画面中间绘制需要的圆角矩形图标，得到"椭圆5"。单击"添加图层样式"按钮 fx，选择"渐变叠加"选项并设置参数，制作图案样式。

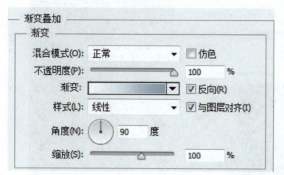

40 继续制作质感图标上的小细节样式

继续选择"椭圆5"，单击"添加图层样式"按钮 fx，选择"投影"选项并设置参数，制作图案样式。

41 创建"亮度/对比度1"，调整画面的色调

单击"创建新的填充或调整图层"按钮 ⬤，在弹出的菜单中选择"亮度/对比度"选项并设置参数，调整画面的色调。

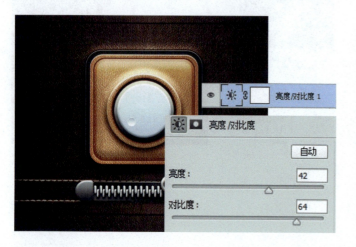

42 将逼真质感图标制作完成

单击"创建新的填充或调整图层"按钮 ⬤，在弹出的菜单中选择"色相/饱和度"选项并设置参数，调整画面的色调。至此，本实例制作完成。

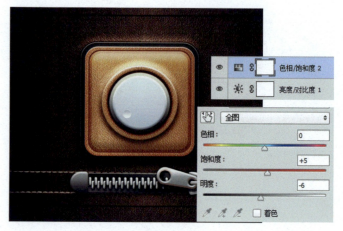

设计小结

1. 单击"创建新的填充或调整图层"按钮 ⬤，在弹出的菜单中选择"亮度/对比度"选项并设置参数，调整画面的色调。
2. 单击"添加图层样式"按钮 fx，选择"渐变叠加"选项并设置参数，制作渐变叠加图案样式。

第 5 章　质感图标的设计

实战 2 逼真食物图标

设计思路：
　　本节中的实例是制作逼真食物图标，画面采用橘黄色的渐变背景，使其制作的食物图标更加真实且具有食欲可口的效果。结合路径钢笔工具创建选区，设置需要的渐变颜色和填充并结合投影图层样式将逼真食物图标绘制完整。

● **设计规格：**
尺寸规格：78×120（像素）
使用工具：钢笔工具
源 文 件：第5章/ Complete/逼真食物图标.psd
视频地址：视频/第5章/逼真食物图标.swf

● **设计色彩分析**
　　画面中采用橘黄色的渐变背景，使其制作的食物图标更加真实且具有食欲可口的效果。

（R105、G25、B0）　（R232、G132、B5）　（R198、G45、B0）

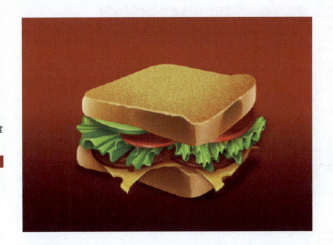

01 新建空白图像文件
执行"文件>新建"命令，在弹出的"新建"对话框中设置各项参数及选项，完成后单击"确定"按钮，新建空白图像文件。

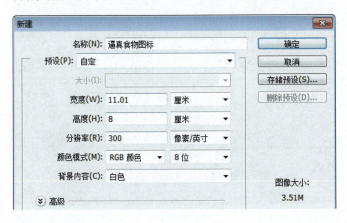

02 制作渐变背景
使用渐变工具，设置渐变颜色为深橘色到橘黄色再到橘色的线性渐变，并在画面上从下到上拖出渐变。

153

03 制作其背景的层次效果

新建"图层1",使用渐变工具,设置渐变颜色为黑色到透明色的线性渐变,在图层上从下到上拖出渐变,并在其"图层"面板上设置其混合模式为"柔光"、"不透明度"为56%。制作其背景的层次效果。

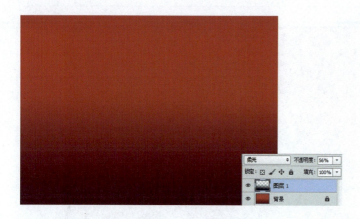

04 绘制面包片的一边形状

新建"图层2",单击钢笔工具,在其属性栏中设置其属性为"路径",在画面上绘制面包片的一边并创建选区,使用渐变工具,设置渐变颜色为亮黄色到橘黄色到深橘黄色再到橘黄色的线性渐变,并在选区内拖出需要的渐变,按快捷键Ctrl+D取消选区。

05 继续使用相同方法绘制面包片的边

新建"图层3"和"图层4",单击钢笔工具,在其属性栏中设置其属性为"路径",在画面上绘制面包片的边并创建选区,使用渐变工具,设置需要的线性渐变颜色,并在选区内拖出需要的渐变,按快捷键Ctrl+D取消选区。

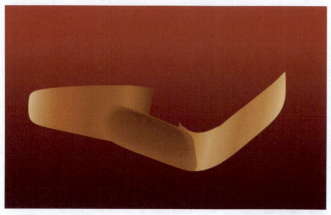

06 绘制面包片的上边

新建"图层5",单击钢笔工具,在其属性栏中设置其属性为"路径",在画面上绘制面包片上边并创建选区,使用渐变工具,设置渐变颜色为橘黄色到黄色再到橘黄色的线性渐变,并在选区内拖出需要的渐变,按快捷键Ctrl+D取消选区。

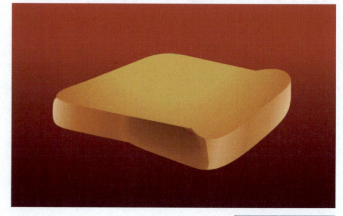

07 绘制面包片边缘的高光

新建"图层6",单击钢笔工具,在其属性栏中设置其属性为"路径",在画面上绘制面包片边缘的高光并创建选区,设置前景色为黄色,将其选区填充为黄色,按快捷键Ctrl+D取消选区。

08 绘制面包片边上烤糊的效果

新建"图层7",单击钢笔工具,在其属性栏中设置其属性为"路径",在画面上绘制面包片边上烤糊的效果并创建选区,使用渐变工具,设置渐变颜色为棕色到深棕色的线性渐变,并在选区内拖出需要的渐变,按快捷键Ctrl+D取消选区。按住Shift键并选择"图层2"到"图层7",按快捷键Ctrl+G新建"组1"。

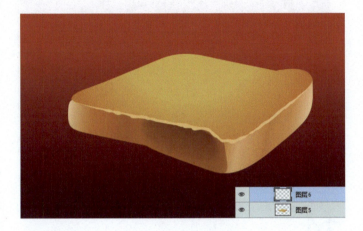

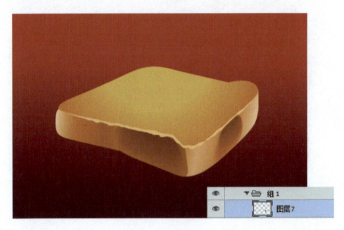

09 制作面包片下面的阴影

在"组1"下方新建"图层6",单击钢笔工具,在画面上绘制面包片下面的阴影形状并创建选区,将其填充为棕红色。按快捷键Ctrl+D取消选区。设置混合模式为"正片叠底",单击鼠标右键选择"转化为智能对象"选项,转换为智能对象图层。

10 制作面包片下面真实的阴影效果

执行"滤镜>模糊>高斯模糊"命令,并在弹出的对话框中设置参数,完成后单击"确定"按钮。

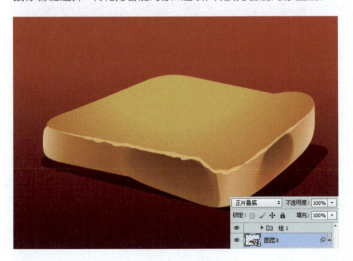

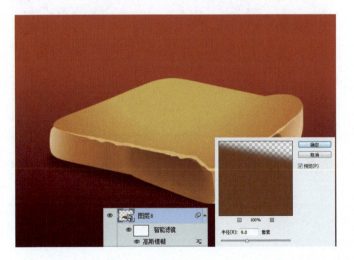

11 复制图像并将其转化为智能对象

选择"组1",按快捷键Ctrl+J复制得到"组1副本",选择图层单击鼠标右键选择"栅格化图层"选项,继续单击鼠标右键选择"转化为智能对象"选项,转换为智能对象图层。

12 制作面包上的纹理效果

选择"组1副本",执行"滤镜>滤镜库>艺术效果>粗糙蜡笔"命令,并在弹出的对话框中设置参数,完成后单击"确定"按钮,设置其"不透明度"为72%。并将"组1"和"组1副本"按快捷键Ctrl+G新建"组2"。

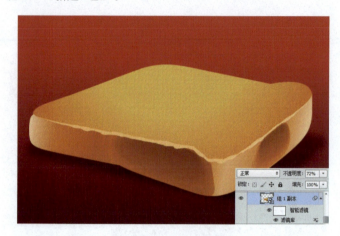

13 添加素材,制作面包屑图样

打开"01.png"文件。拖曳到当前文件图像中,生成"图层9",使用快捷键Ctrl+T变换图像大小,并将其放至于画面合适的位置。设置混合模式为"正片叠底"、"不透明度"为50%。

14 继续添加素材,制作面包屑图样

打开"02.png"文件。拖曳到当前文件图像中,生成"图层9",使用快捷键Ctrl+T变换图像大小,并将其放至于画面合适的位置。设置混合模式为"正片叠底"、"不透明度"为37%。

15 绘制培根片的形状

新建"图层11",单击钢笔工具 ✎,在画面的面包片上绘制培根的形状并创建选区,将其填充为黄色,按快捷键Ctrl+D取消选区。并使用橡皮擦工具 ✎,擦出培根片的纹理。

16 继续绘制培根片

新建"图层12"和"图层13",继续使用钢笔工具 ✎,在画面的面包片上绘制培根的形状并创建选区,将其填充需要的颜色,按快捷键Ctrl+D取消选区。

17 绘制培根片上的高光

新建"图层14",单击画笔工具 ✎,选择尖角笔刷,设置"大小"为5像素,设置前景色为亮黄色。然后单击钢笔工具在图像上绘制曲线路径,绘制完成后单击鼠标右键,在弹出的菜单中选择"描边路径"选项,弹出"描边路径"对话框,设置"工具"为"画笔",单击"确定"按钮,为路径添加黑色描边,然后按快捷键Ctrl+H隐藏路径。

18 继续新建图层,绘制培根片

新建"图层15"到"图层17",继续使用钢笔工具 ✎,在画面的面包片上绘制培根的形状并创建选区,将其填充需要的颜色,按快捷键Ctrl+D取消选区。并使用和前面绘制培根片上的高光相同的方法绘制培根片的左边部分。按住Shift键并选择"图层11"到"图层17",按快捷键Ctrl+G新建"组3"。

19 继续制作培根片

选择"组3",按快捷键Ctrl+J复制得到"组3副本",选择图层单击鼠标右键选择"合并组"选项,将"组3副本"栅格化,使用快捷键Ctrl+T变换图像方向,将其放至于绘制的培根片的另一面。

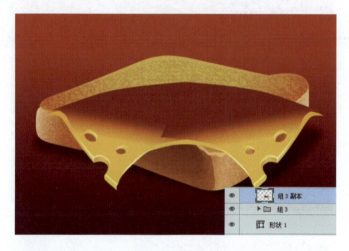

20 将培根片制作完整

在"组1"下方使用形状钢笔工具，将其绘制完整,得到"形状1",按住Shift键并选择"形状1"和"图层17",按快捷键Ctrl+G新建"组4"。单击"添加图层样式"按钮，选择"投影"选项并设置参数,制作图案样式。

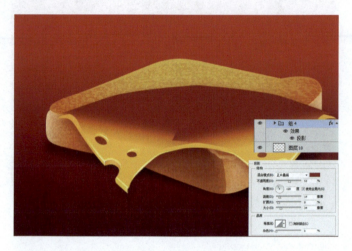

21 更改培根片的形状将其制作完整

选择"组4",按快捷键Ctrl+J复制得到"组4副本",选择图层单击鼠标右键选择"合并组"选项,将"组4副本"栅格化,单击"组4"的"指示图层可见性"按钮，即可关闭组4的可见性。使用快捷键Ctrl+T变换图像的形状,将其放至于画面合适的位置。

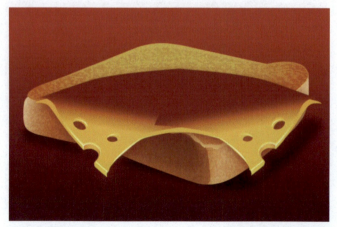

22 绘制夹心肉的大体形状

新建"图层18"和"图层19",单击钢笔工具，在画面上绘制面包片上夹心肉的大体形状并创建选区,设置需要的前景色,将其选区填充,按快捷键Ctrl+D取消选区。

第 5 章　质感图标的设计

23 制作夹心肉上的光感和阴影细节

新建"图层20"和"图层21",单击画笔工具,选择尖角笔刷,设置需要的"大小"和前景色。单击钢笔工具在图像上绘制曲线路径,绘制完成后单击鼠标右键,在弹出的菜单中选择"描边路径"选项,弹出"描边路径"对话框,设置"工具"为"画笔",单击"确定"按钮,为路径添加黑色描边,然后按快捷键Ctrl+H隐藏路径。

24 绘制面包片上夹心肉上的细节

新建"图层22"和"图层23",单击钢笔工具,在画面上绘制面包片上夹心肉上的细节形状并创建选区,设置需要的前景色,将其选区填充,按快捷键Ctrl+D取消选区。

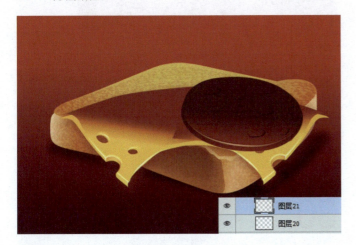

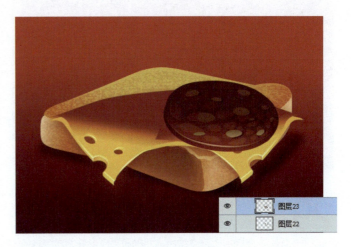

25 合并夹心肉的所有图层并制作其投影

按住Shift键并选择"图层18"到"图层23",按快捷键Ctrl+G新建"组5"。单击"添加图层样式"按钮,选择"投影"选项并设置参数,制作图案样式。

26 复制制作好的夹心肉,制作具有层次效果的夹心肉

选择"组5",按快捷键Ctrl+J复制得到"组5副本",将其放至于画面合适的位置。选择图层单击鼠标右键选择"合并组"选项,得到"组5副本"图层,单击"添加图层样式"按钮,选择"投影"选项并设置参数,制作图案样式。

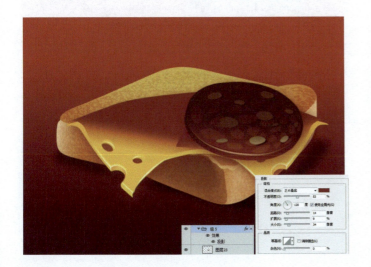

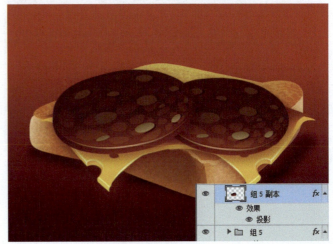

27 绘制夹心汉堡上的蔬菜效果

新建"图层24",单击钢笔工具,在其属性栏中设置其属性为"路径",在图层上依次绘制需要的蔬菜图形并创建选区,将其选区填充需要的颜色,绘制完成后按快捷键Ctrl+D取消选区。

28 绘制夹心汉堡上的蔬菜投影效果

选择"图层24",单击"添加图层样式"按钮,选择"投影"选项并设置参数,制作图案样式。

29 继续绘制夹心汉堡上的蔬菜效果

新建"图层25",单击钢笔工具,在其属性栏中设置其属性为"路径",在图层上依次绘制需要的蔬菜图形并创建选区,将其选区填充需要的颜色,绘制完成后按快捷键Ctrl+D取消选区。

30 绘制夹心汉堡上的蔬菜投影效果

选择"图层25",单击"添加图层样式"按钮,选择"投影"选项并设置参数,制作图案样式。

第 5 章 质感图标的设计

31 使用相同方法继续绘制夹心汉堡上的蔬菜及其阴影效果

新建"图层26",单击钢笔工具,在其属性栏中设置其属性为"路径",在图层上依次绘制需要的蔬菜图形并创建选区,将其选区填充需要的颜色,绘制完成后按快捷键Ctrl+D取消选区。单击"添加图层样式"按钮 fx,选择"投影"选项并设置参数,制作图案样式。

32 绘制汉堡上的番茄

新建"图层27"和"图层28",单击钢笔工具,在其属性栏中设置其属性为"路径",在图层上依次绘制需要的番茄图形并创建选区,将其选区填充需要的颜色,绘制完成后按快捷键Ctrl+D取消选区。

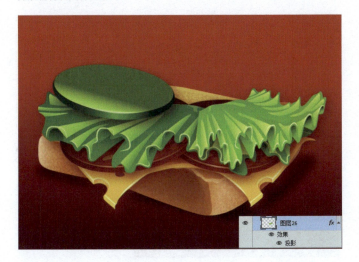

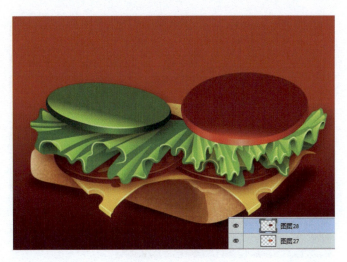

33 绘制番茄上的高光效果

新建"图层29",单击画笔工具,选择尖角笔刷,设置"大小"为8像素,设置前景色为亮黄色。然后单击钢笔工具在图像上绘制曲线路径,绘制完成后单击鼠标右键,在弹出的菜单中选择"描边路径"选项,弹出"描边路径"对话框,设置"工具"为"画笔",单击"确定"按钮,为路径添加黑色描边,然后按快捷键Ctrl+H隐藏路径。

34 合并绘制番茄图层并制作其阴影效果

按住Shift键并选择"图层27"到"图层29",按快捷键Ctrl+G新建"组6"。单击"添加图层样式"按钮 fx,选择"投影"选项并设置参数,制作图案样式。

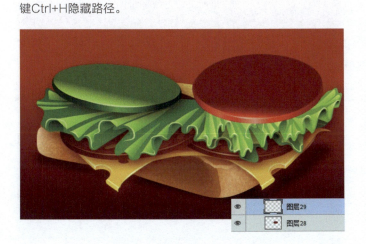

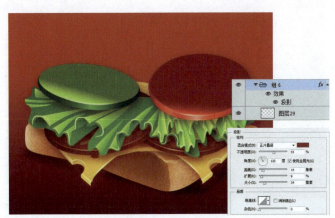

35 制作画面上具有层次效果的番茄切片

选择"组6",按快捷键Ctrl+J复制得到"组6副本",将其移至"图层24"的上方,选择图层单击鼠标右键选择"合并组"选项,得到"组6副本"图层,单击"添加图层样式"按钮 fx,选择"投影"选项并设置参数,制作图案样式。使用快捷键Ctrl+T变换图像大小,并将其放至于画面合适的位置。

36 制作面包片夹心汉堡效果

选择"组2",按快捷键Ctrl+J复制得到"组2副本",将其移至图层的上方,制作面包片夹心汉堡效果。

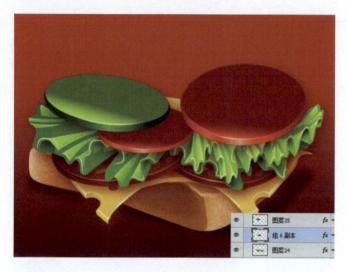

37 制作上边面包片上的面包屑纹理

选择"图层9"和"图层10",按快捷键Ctrl+J复制得到"图层9副本"和"图层10副本",将其移至图层的上方,并适当地更改其不透明度。

38 将所绘制的面包图层编组

选择所绘制的所有面包图层,按快捷键Ctrl+G新建"组7"。

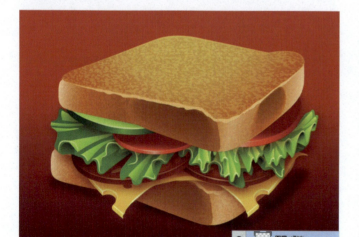

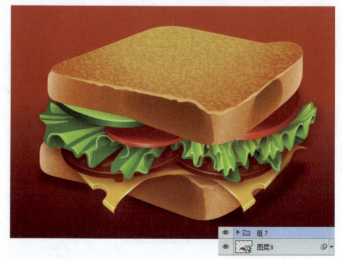

第 5 章　质感图标的设计

39 将汉堡复制并栅格化制作其滤色效果

选择"组7",按快捷键Ctrl+J复制得到"组7副本", 选择图层单击鼠标右键选择"合并组"选项,得到"组7副本"图层,在其"图层"面板上设置混合模式为"滤色"、"不透明度"为31%。

40 适当的涂抹使其光感更加自然

单击"添加图层蒙版"按钮,单击画笔工具,设置前景色为黑色,选择柔角画笔并适当调整大小及透明度,在蒙版上把不需要的部分加以涂抹。

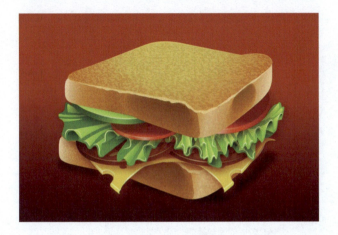

41 继续制作汉堡上的光感

新建"图层30",按住Ctrl键并单击鼠标左键选择"图层30",得到汉堡的选区。使用渐变工具,设置渐变颜色为黄色到透明色的线性渐变,完成后按快捷键Ctrl+D取消选区。在其"图层"面板上设置混合模式为"滤色"。

42 将逼真食物图标制作完成

单击"创建新的填充或调整图层"按钮,在弹出的菜单中选择"色相/饱和度"选项并设置参数,调整画面的色调。至此,本实例制作完成。

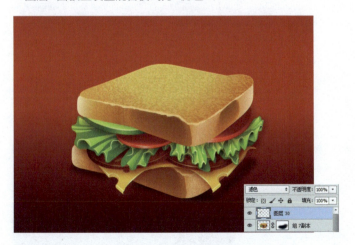

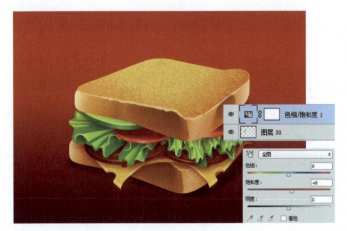

设计小结

1. 提亮图层色调,可在其"图层"面板上设置混合模式为"滤色"。
2. 按快捷键Ctrl+J可复制需要的图层。

创意UI Photoshop玩转图标设计（第2版）

实战 3 金属质感写实图标

设计思路：

本节中的实例是制作金属质感写实图标，画面中使用深灰色的背景，以突出金属质感写实的图标，并结合圆角矩形工具、自定形状工具、矩形选框工具和椭圆工具、渐变工具向读者呈现绘制金属质感写实图标的制作过程。

● **设计规格：**

尺寸规格：58×58（像素）
使用工具：圆角矩形工具、矩形选框工具、椭圆工具、自定形状工具
源 文 件：第5章/ Complete/金属质感写实图标.psd
视频地址：视频/第5章/金属质感写实图标.swf

● **设计色彩分析**

将制作的图标调整成黄灰色的渐变以制作出具有金属质感的图标。

（R105、G116、B126）（R116、G107、B96）（R231、G221、B204）

01 新建空白图像文件

执行"文件>新建"命令，在弹出的"新建"对话框中设置各项参数及选项，完成后单击"确定"按钮，新建空白图像文件。

02 制作画面背景

创建"渐变叠加1"，制作背景的渐变颜色。单击"添加图层样式"按钮 fx ，选择"图案叠加"选项并设置参数。

第 5 章 质感图标的设计

03 制作金属质感图标的底层

单击圆角矩形工具,在其属性栏中设置其"填充"为土黄色到白色再到淡黄色到土黄色再到棕色的线性渐变,"描边"为无,在画面中间绘制金属质感图标的底层,得到"圆角矩形1"图层。

04 制作金属质感图标的底层的图案样式

选择刚才绘制的"圆角矩形1"图层,单击"添加图层样式"按钮,选择"斜面和浮雕"、"图案叠加"选项并设置参数,制作图案样式。

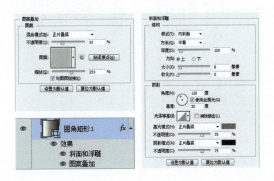

05 继续制作金属质感图标的底层图案

选择"圆角矩形1"图层,复制一层,将其图层样式删除后,在其属性栏中更改其"填充"的渐变样式为土黄色到深棕色的线性渐变。单击"添加图层蒙版"按钮,在其蒙版上使用矩形选框工具绘制需要的矩形,使用渐变工具设置渐变颜色为黑色到透明色的线性渐变,并在蒙版上拖出。

06 制作金属质感图标的底层图案的反光

继续选择"圆角矩形1"图层,按快捷键Ctrl+J复制得到"圆角矩形1副本"将其移至图层上方将其图层样式删除后,在其属性栏中更改其"填充"为白色,单击"添加图层蒙版"按钮,在其蒙版上使用矩形选框工具绘制需要的矩形并填充为黑色。

07 制作金属质感图标的底层上方的图形

继续使用圆角矩形工具,在其属性栏中设置其"填充"为淡黄色,"描边"为无,在绘制好的金属质感图标的底层上方绘制"圆角矩形2",单击"添加图层样式"按钮,选择"描边"选项并设置参数,制作图案样式。

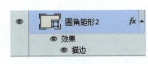

165

08 制作圆角矩形上的钟表点样式

新建"图层1",使用矩形选框工具在"圆角矩形2"上绘制矩形条并将其填充为红色,连续按快捷键Ctrl+J复制得到多个"图层1副本"。并依次使用快捷键Ctrl+T变换图像大小和方向,将其放至于画面合适的位置。

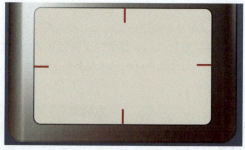

09 制作圆角矩形上的钟表指针样式

新建"图层2",使用矩形选框工具在"圆角矩形2"上绘制矩形条并将其填充为黑色,单击"添加图层样式"按钮,选择"投影"选项并设置参数,制作图案样式。

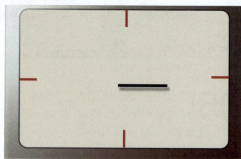

10 将钟表指针样式制作完整

选择"图层2",连续按快捷键Ctrl+J复制得到多个"图层2副本",并依次使用快捷键Ctrl+T变换图像大小和方向,将其放至于画面合适的位置。

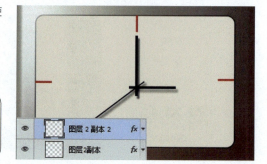

技巧点拨

如何制作出图标的金属质感

金属质感的图标制作重点是表面的纹理及高光的刻画。尤其是高光部分,我们通常用角度渐变来制作,不过有个方法更好,直接用透明渐变拉上高光,再变形得到更加逼真的高光。

11 制作钟表左上方的反光效果

新建"图层3",使用钢笔工具在绘制的钟表左上方绘制其质感反光,设置前景色为白色,按快捷键Alt+Delete填充,按快捷键Ctrl+D取消选区,设置不透明度"为32%。

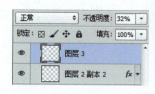

12 制作其上面椭圆按钮样式的打底

单击椭圆工具 ，在其属性栏中设置其"填充"为黄灰色到肉色再到绿灰色再到土黄色的线性渐变，"描边"为无，在"圆角矩形2"上方绘制其"椭圆1"，制作其上面按钮样式的打底。

13 制作"椭圆1"的图案样式

选择"椭圆1"，单击"添加图层样式"按钮 ，选择"斜面和浮雕"选项并设置参数，再选择"描边"选项并设置参数，制作图案样式。

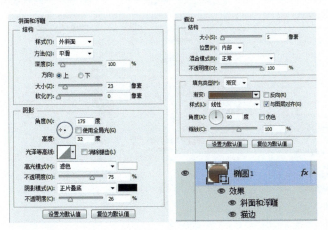

14 制作具有立体效果的椭圆按钮

选择"椭圆1"，按快捷键Ctrl+J复制得到"椭圆1副本"，并将其"描边"图层样式删除。

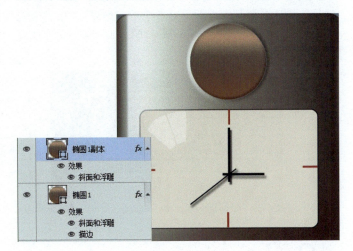

15 继续绘制其不同渐变类型的椭圆按钮

使用椭圆工具 ，在其属性栏中设置其"填充"为亮黄色到橘黄色再到亮黄色的线性渐变，"描边"为无，在椭圆按钮上继续绘制椭圆得到"椭圆2"，单击"添加图层样式"按钮 ，选择"斜面和浮雕"选项并设置参数，制作图案样式。

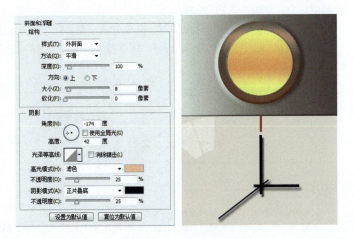

16 制作"椭圆2"的图案样式

选择"椭圆2",单击"添加图层样式"按钮 fx.,选择"描边"选项并设置参数,制作椭圆按钮的样式。

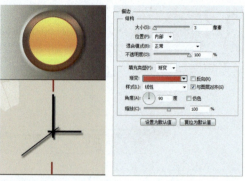

17 制作按钮的图案样式

继续使用椭圆工具,在其属性栏中设置其"填充"为深黄灰色到亮黄灰色的线性渐变,"描边"为无,在"椭圆2"上继续绘制"椭圆3",单击"添加图层样式"按钮 fx.,选择"斜面和浮雕""描边""内阴影""图案叠加"选项并设置参数,制作图案样式。

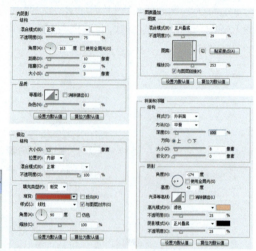

18 将金属质感写实图标制作完成

设置前景色为淡黄色,使用自定形状工具,在其属性栏中选择需要的形状。在其椭圆按钮上绘制需要的图形,单击"添加图层样式"按钮 fx.,选择"斜面和浮雕""描边""外发光"选项并设置参数,制作图案样式。按住Shift键并选择"圆角矩形1"到"形状1",按快捷键Ctrl+G新建"组1"。单击"添加图层样式"按钮 fx.,选择"投影"选项并设置参数,制作图案样式。至此,本实例制作完成。

设计小结

1. 使用快捷键Ctrl+T可以变换图像大小和方向。
2. 使用渐变工具,可选择径向渐变、线性渐变、角度渐变、对称渐变和菱形渐变5种渐变样式。

实战 4 逼真生活物品图标

设计思路：
　　本节中的实例是制作逼真生活物品图标，画面中的背景调整成黄灰色的渐变以制作出具有一定场景气氛的图标，并结合各种文字工具和素材将逼真生活物品图标制作出来，在制作的过程中需要注意细节的完整性。

● **设计规格：**
尺寸规格：148×118（像素）
使用工具：圆角矩形工具、矩形选框工具、椭圆工具
源 文 件：第5章/ Complete/逼真生活物品图标.psd
视频地址：视频/第5章/逼真生活物品图标.swf

● **设计色彩分析**
将制作的图标调整成黄灰色的渐变以制作出逼真生活物品图标。

（R105、G116、B126）（R116、G107、B96）（R231、G221、B204）

01 新建空白图像文件
执行"文件>新建"命令，在弹出的"新建"对话框中设置各项参数及选项，完成后单击"确定"按钮，新建空白图像文件。

02 制作背景
新建"图层1"，将其填充为灰色，使用渐变工具，设置渐变颜色为黑色到透明色的线性渐变。并在画面斜上方向下拖出渐变。

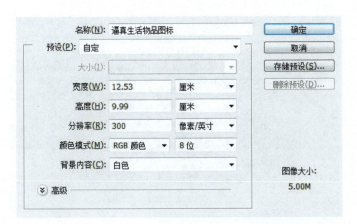

03 制作逼真相机图标的底层和阴影

使用矩形工具■，结合其形状属性栏的设置绘制，在其属性栏中选择其需要的形状，在画面上绘制需要的图形，得到"形状1"。新建"图层2"，单击画笔工具☑选择柔角画笔并适当调整大小及透明度，在形状下方绘制其阴影效果。并将"形状1"栅格化重命名为"图层3"。

04 新建图层制作其剪贴蒙版并适当涂抹制作其光感

新建"图层4"，设置前景色为黑色，单击画笔工具☑选择柔角画笔并适当调整大小及透明度，在图层上适当涂抹，制作其光感，按住Alt键并单击鼠标左键，创建其图层剪贴蒙版。

05 继续绘制相机图标上的图形

单击钢笔工具☑，在其属性栏中设置其属性为"形状"，"填色"为黑色，按住Shift键在画面上绘制相机图标上需要的图形，得到"形状1"。单击"添加图层样式"按钮 fx，选择"内阴影"选项并设置参数，制作图案样式。单击"添加图层样式"按钮 fx，选择"投影"选项并设置参数，制作图案样式。

06 继续制作相机图标上的图案

新建"图层5"，使用矩形选框工具▣在图层上合适的位置绘制需要的矩形，并填充颜色，单击"添加图层样式"按钮 fx，选择"图案叠加"选项并设置参数，制作图案样式。按住Alt键并单击鼠标左键，创建其图层剪贴蒙版。在其"图层"面板上设置其"不透明度"为44%。

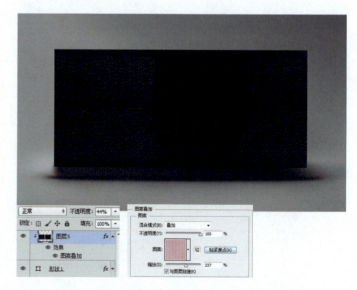

第 5 章 质感图标的设计

07 调整图层色调，继续制作相机图标上的图案

单击"创建新的填充或调整图层"按钮，在弹出的菜单中选择"色阶"选项并设置参数，单击图框中"此调整影响到下面的所有图层"按钮创建其图层剪贴蒙版，调整画面的色调。新建"图层6"，设置前景色，使用画笔工具选择柔角画笔并适当调整大小及透明度在画面上继续涂抹，设置混合模式为"叠加"，按住Alt键并单击鼠标左键，创建其图层剪贴蒙版。

08 制作相机图标的下部

分别使用矩形工具和钢笔工具，在其属性栏中设置其"填充"为亮灰色，结合其形状属性栏的设置绘制，在其属性栏中选择其需要的形状，在画面上绘制需要的图形，得到"形状2"。新建"图层7"，设置前景色，使用画笔工具选择柔角画笔并适当调整大小及透明度在画面上继续涂抹，按住Alt键并单击鼠标左键，创建其图层剪贴蒙版。

09 制作相机图标的下上部

继续使用和上面绘制相机图案下部相同的方法绘制相机的上面部分，得到"形状3"。新建"图层8"，设置前景色，使用画笔工具选择柔角画笔并适当调整大小及透明度在画面上继续涂抹，按住Alt键并单击鼠标左键，创建其图层剪贴蒙版。

10 绘制相机图标缝隙处的细节

使用矩形工具和钢笔工具，在其属性栏中设置其"填充"为深灰色，"描边"为无，结合其形状属性栏的设置绘制，在其属性栏中选择其需要的形状，在绘制的相机图标上的缝隙处绘制需要的阴影图形，得到"形状4"。

11 添加素材文件制作相机图标上的小物件

打开"螺丝.png"文件。拖曳到当前文件图像中,生成"图层9",使用快捷键Ctrl+T变换图像大小,并将其放至于画面合适的位置。

12 继续制作相机上的小物件

选择"图层9",连续按快捷键Ctrl+J复制得到多个"图层9副本",并将其移至画面上合适的位置。

13 继续添加素材文件制作相机图标上的物件

打开"镜头1.png"文件。拖曳到当前文件图像中,生成"图层10",使用快捷键Ctrl+T变换图像大小,并将其放至于画面合适的位置。

14 继续添加素材文件制作相机图标上的物件

打开"镜头2.png"文件。拖曳到当前文件图像中,生成"图层11",使用快捷键Ctrl+T变换图像大小,并将其放至于画面合适的位置。

15 制作相机图标的刻度

使用矩形工具，按住Shift键绘制逼真相机图标上的刻度，得到"形状5"，单击"添加图层样式"按钮，选择"投影"选项并设置参数，制作图案样式。

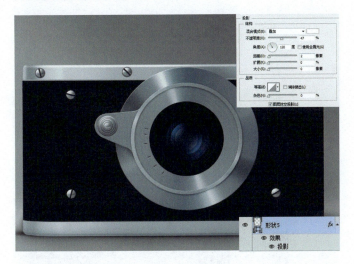

16 添加素材文件制作相机图标上的物件

打开"镜头3.png"文件。拖曳到当前文件图像中，生成"图层12"，使用快捷键Ctrl+T变换图像大小，并将其放至于画面合适的位置。

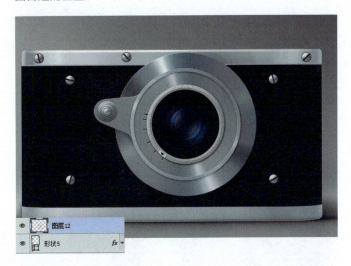

17 制作相机图标的刻度

使用矩形工具，按住Shift键绘制逼真相机图标上的刻度，得到"形状6"，单击"添加图层样式"按钮，选择"投影"选项并设置参数，制作图案样式。

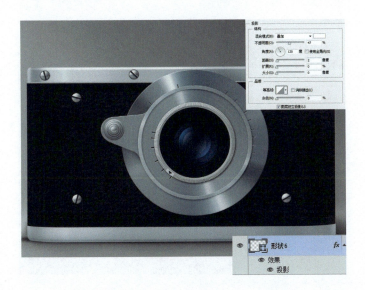

18 添加素材文件制作相机图标上的物件

依次打开"01.png"到"03.png"文件。拖曳到当前文件图像中，生成"图层13"到"图层15"，使用快捷键Ctrl+T变换图像大小，并将其放至于画面合适的位置。选择"图层9"，按快捷键Ctrl+J复制得到"图层9副本7"，将其移至图层上方，使用快捷键Ctrl+T变换图像大小，并将其放至于画面合适的位置。

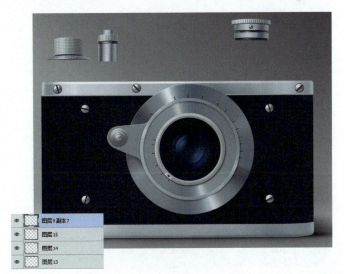

19 制作相机图标上方的图案

依次打开"04.png"和"05.png"文件。拖曳到当前文件图像中,生成"图层16"到"图层17",使用快捷键Ctrl+T变换图像大小,并将其放至于画面合适的位置。使用圆角矩形工具,结合其形状属性栏的设置绘制,在其属性栏中选择其需要的形状,在画面上绘制需要的图形。打开"06.png",拖曳到当前文件图像中,生成"图层18",放置于画面合适的位置,按住Alt键并单击鼠标左键,创建其图层剪贴蒙版。

20 绘制相机图标缝隙处的细节

使用矩形工具和钢笔工具,在其属性栏中设置其"填充"为深灰色,"描边"为无,结合其形状属性栏的设置绘制,在其属性栏中选择其需要的形状,在绘制的相机图标上的缝隙处绘制需要的阴影图形,得到"形状8"。在其"图层"面板上设置其"不透明度"为60%。

21 制作相机图标上的螺丝小细节,使得相机图标更加逼真

选择"图层9",按快捷键Ctrl+J复制得到"图层9副本8",将其移至图层上方,使用快捷键Ctrl+T变换图像大小,并将其放至于画面合适的位置。

22 制作相机图标的镜头的底层形状

使用矩形工具,相机图标上绘制镜头底下的矩形,单击"添加图层样式"按钮,选择"投影"选项并设置参数,制作图案样式。

第 5 章　质感图标的设计

23 制作相机图标的镜头效果

分别使用矩形工具和圆角矩形工具，在其属性栏中设置其需要的"填充"，在镜头上绘制，得到"圆角矩形1"。新建"图层19"，设置前景色为亮灰色，单击画笔工具选择柔角画笔并适当调整大小及透明度，按住Alt键并单击鼠标左键，创建其图层剪贴蒙版，在图层上适当涂抹。

24 添加素材文件制作相机图标上的物件

依次打开"07.png"和"08.png"文件。拖曳到当前文件图像中，生成"图层20"和"图层21"，使用快捷键Ctrl+T变换图像大小，并将其放至于画面合适的位置。

25 添加素材文件制作相机图标上的物件

依次打开"09.png"文件。拖曳到当前文件图像中，生成"图层22"，使用快捷键Ctrl+T变换图像大小，并将其放至于画面合适的位置。

26 将逼真生活物品图标制作完成

单击"创建新的填充或调整图层"按钮，在弹出的菜单中选择"色相/饱和度"选项并设置参数，调整画面的色调。至此，本实例制作完成。

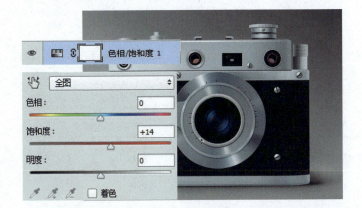

设计小结

1. 单击"创建新的填充或调整图层"按钮，在弹出的菜单中选择"色相/饱和度"选项并设置参数，调整画面的色调。
2. 使用快捷键Ctrl+T可变换需要的图像大小。

第6章
涂鸦风格图标设计

涂鸦风格是一个比较现代化的图标风格，在用户视觉享受的同时也使图标具有一定的艺术效果。下面小编将通过制作颓废涂鸦风格图标、手绘涂鸦风格图标和可爱动画涂鸦风格图标，为大家分享涂鸦风格图标的设计和制作。

·设 计 构 思·

涂鸦一词起源于唐朝卢仝说其儿子乱写乱画顽皮之行,后逐渐演变成了带有时代色彩的艺术行为。涂鸦主要的介质为墙,但进入 20 世纪后期,涂鸦所创作的介质不只是墙了。到了 21 世纪,许多年轻人把涂鸦与时尚的嘻哈元素结合向多元化发展。

涂鸦作为一种艺术的表现形式,具有很强的图形代表性,因此我们制作的涂鸦图标要和它原始的意思相一致,并且需要手绘的质感。

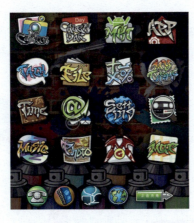

涂鸦图标作为一种新形式的艺术图标,具有一定的简单绘制形式,使观看者能够一眼就明确涂鸦图标的图形意义。设计的趋势是趋向于极简的界面。富含感情的自然动物主题、简约整体下给人惊喜的精致细节、现实写真与手绘线条的搭配等,都悄悄站在了设计的前沿。手绘是应用于各个行业手工绘制图案的技术手法。设计类手绘,主要包括前期构思设计方案的研究型手绘和设计成果部分的表现型手绘。其中,前期部分被称为草图,成果部分被称为表现图或者效果图。手绘内容很广阔,无法用言语尽善表达。随着涂鸦图标的盛行,其涂鸦的种类也越来越丰富多样。我们在绘制涂鸦的时候可以选择需要的涂鸦风格进行绘制。

小编分享

在设计程序中,手绘是描述环境空间、形象设计更为形象直白的语言形式,它在设计程序中对创意方案的推导和完善起着不可替代的重要作用,是沟通与交流设计思想最便利的方法和手段。人们可以通过手绘表现的便利通道来认识设计的本质内容和主旨思想。手绘元素与写实元素的结合体,哪怕只是在边角处,也能给用户以惊喜与亲切。

6.1 矢量涂鸦风格图标

本小节为大家讲解矢量涂鸦风格图标，下面将从制作矢量牌游质感风格图标和矢量趣味涂鸦图标两个方面为大家讲解矢量涂鸦风格图标的制作方向和制作过程。

实战 1 矢量牌游质感风格图标

设计思路：

本节中的实例是制作矢量牌游质感风格图标，通过背景的蓝色和图标上的红色，突出图标的风格效果，并结合圆角矩形工具、椭圆工具、钢笔工具将图标以及图层样式绘制出来，将矢量牌游质感风格图标制作完成。

● 设计规格：

尺寸规格：58×58（像素）
使用工具：圆角矩形工具、椭圆工具、钢笔工具
源 文 件：第6章/ Complete/矢量牌游质感风格图标.psd
视频地址：视频/第6章/矢量牌游质感风格图标.swf

● 设计色彩分析

通过背景的蓝色和图标上的红色，制作出矢量牌游质感风格图标。

（R158、G157、B157）　（R131、G0、B6）　（R0、G86、B109）

01 新建空白图像文件

执行"文件>新建"命令，在弹出的"新建"对话框中设置各项参数及选项，完成后单击"确定"按钮，新建空白图像文件。

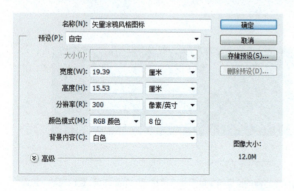

02 制作画面背景

使用渐变工具，设置渐变颜色为亮蓝色到深蓝色的径向渐变，在画面上从内向外拖出渐变。

03 绘制图标底下的形状

单击圆角矩形工具,在其属性栏中设置其"填充"为深紫色,"描边"为无,在画面上绘制圆角矩形,得到"圆角矩形1"。

04 制作图标下方的图案样式

选择"圆角矩形1",单击"添加图层样式"按钮,选择"渐变叠加"选项并设置参数,制作图案样式。

05 制作立体的图标样式

选择"圆角矩形1",按快捷键Ctrl+J复制得到"圆角矩形1副本",将其"渐变叠加"的图层样式删除。使用快捷键Ctrl+T变换图像大小,并将其放至于画面合适的位置。

06 继续制作图标上的图案

继续使用圆角矩形工具,在其属性栏中设置其"填充"为黄色到深黄色的线性渐变,并在绘制的图标上方绘制圆角矩形。

07 继续制作图标上的图案

选择"圆角矩形2",在其属性栏中更改设置其"填充"为深红色到红色的线性渐变,继续单击鼠标右键选择"转化为智能对象"选项,转换为智能对象图层。选择图层单击鼠标右键选择"栅格化图层"选项。

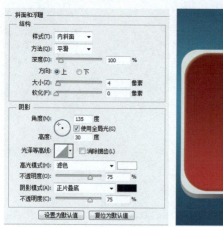

08 继续制作图标上的图案及样式

选择"圆角矩形2",单击"添加图层样式"按钮 fx.,选择"斜面和浮雕"选项并设置参数,制作图案样式。单击"添加图层样式"按钮 fx.,选择"图案叠加"选项并设置参数,制作图案样式。

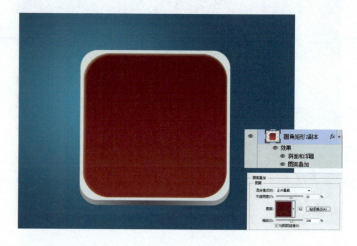

09 制作图标里的纹理

打开"01.jpg"文件。拖曳到当前文件图像中,生成"图层1",设置混合模式为"正片叠底",按住Ctrl键并单击鼠标左键选择"圆角矩形2",得到"圆角矩形2"的选区,按快捷键Shift+Ctrl+I反选选中的选区,单击"添加图层蒙版"按钮 ◻。

10 提亮图标内部纹理

选择"圆角矩形2副本",按快捷键Ctrl+J复制得到"圆角矩形2副本2",更改其渐变颜色为玫红色到粉红色的线性渐变。使用快捷键Ctrl+T变换图像大小,并将其放至于合适的位置。设置混合模式为"叠加"、"不透明度"为55%。

11 制作图标上的高光部分

新建"图层1",设置前景色为白色,单击画笔工具,选择柔角画笔并适当调整大小及透明度,在图标四周绘制其图标上的高光部分,并设置混合模式为"颜色减淡"。

12 制作图标里的扑克造型和样式

继续使用圆角矩形工具,在其属性栏中设置其"填充"为白色,"描边"为无,在图标上绘制圆角矩形,得到"圆角矩形3"。单击"添加图层样式"按钮,选择"内阴影""投影"选项并设置参数,制作图案样式。

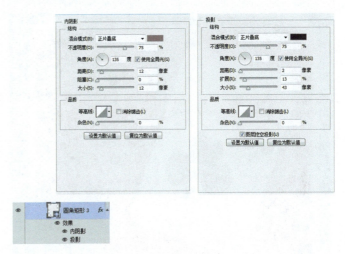

13 制作扑克上的造型

单击钢笔工具,在其属性栏中设置其属性为"形状","填色"为黑色。在圆角矩形上绘制扑克上梅花的造型,得到"形状1"。

14 继续制作扑克上的造型图案

选择"形状1",按快捷键Ctrl+J复制得到"形状1副本",使用快捷键Ctrl+T变换图像大小,并将其放至于画面合适的位置。继续制作扑克上的造型图案。

15 将单张的扑克制作完成并编组

单击横排文字工具,设置前景色为黑色,输入所需文字,双击文字图层,在其属性栏中设置文字的字体样式及大小,使用快捷键Ctrl+T变换图像方向,并将其放置于扑克上的合适的位置。选择所有扑克图层,按快捷键Ctrl+G新建"组1"。

16 复制扑克制作其层次感

选择"组1",按快捷键Ctrl+J复制得到"组1副本",使用快捷键Ctrl+T变换图像方向,并将其放至于绘制的图标上合适的位置。

17 将图标上的扑克组制作完成

继续选择"组1",按快捷键Ctrl+J复制得到"组1副本2",将其移至图层上方,使用快捷键Ctrl+T变换图像方向,删除"形状1"和"形状1副本",继续使用钢笔工具,设置需要的填色,绘制需要的形状,将其放至于绘制的图标上合适的位置。

18 制作图标上的金币图案

打开"金币.png"文件。拖曳到当前文件图像中,生成"图层2",使用快捷键Ctrl+T变换图像大小,并将其放至于图标上合适的位置。

19 制作金币上的阴影效果

新建"图层3",使用渐变工具,设置渐变颜色为黑色到透明色的线性渐变。按住Alt键并单击鼠标左键,创建其图层剪贴蒙版。在其"图层"面板上设置混合模式为"线性加深"、"不透明度"为22%。

20 合并制作图标上方的图层,并制作其投影

按住Shift键并选择"圆角矩形2"到"图层3",按快捷键Ctrl+G新建"组2"。单击"添加图层样式"按钮,选择"投影"选项并设置参数,制作图案样式。

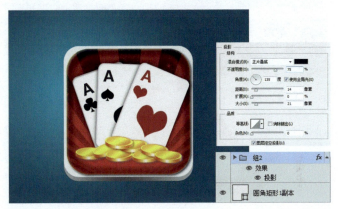

21 制作图标上的钮钉底

使用椭圆工具,在其属性栏中设置其"填充"为白色,"描边"为无,在图标右上角上绘制椭圆,得到"椭圆1"。

22 制作渐变图案的图标上的钮钉图层样式

选择"椭圆1",单击"添加图层样式"按钮,选择"渐变叠加"选项并设置参数,制作图案样式。

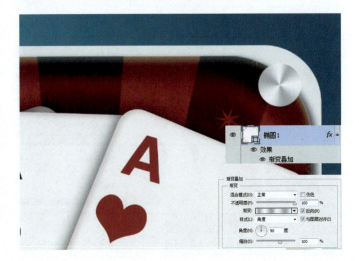

技巧点拨

"渐变叠加"图层样式

渐变叠加跟工具箱中的渐变工具用法基本相同,只是渐变叠加会更均匀地分布在图形中。我们可以通过适当的设置来改变渐变的方式、颜色、角度、缩放、不透明度等。

23 继续制作渐变图案的图标上的钮钉图层样式

选择"椭圆1",单击"添加图层样式"按钮 fx.,选择"投影"选项并设置参数,制作图案样式。

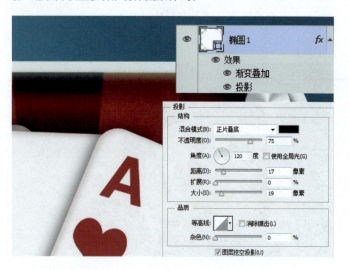

24 继续制作渐变图案的图标上的钮钉

选择"椭圆1",按快捷键Ctrl+J复制得到"椭圆1副本",并将其移至图标上合适的位置。

25 继续制作渐变图案的图标上的钮钉

选择"椭圆1",连续按快捷键Ctrl+J复制得到多个"椭圆1副本",并将其移至图标上合适的位置。

26 将画面制作完成

单击"创建新的填充或调整图层"按钮 ,在弹出的菜单中选择"色相/饱和度"选项并设置参数,调整画面的色调。至此,本实例制作完成。

设计小结

1. 连续按快捷键Ctrl+J复制得到多个图层。
2. 单击"添加图层样式"按钮 fx.,选择"投影"选项并设置参数,制作投影图案样式。

第 6 章 涂鸦风格图标设计

实战 2 矢量趣味涂鸦图标

设计思路：
　　本节中的实例是制作矢量趣味涂鸦图标，画面通过运用深色的背景使画面中的图标突出，并使用圆角矩形工具和钢笔工具绘制出具有一定可爱效果的卡通图标，并结合图层样式和文字工具将矢量趣味涂鸦图标制作完整。

● **设计规格：**
尺寸规格：58×58（像素）
使用工具：圆角矩形工具、钢笔工具、文字工具
源 文 件：第6章 / Complete/矢量趣味涂鸦图标.psd
视频地址：视频/第6章/矢量趣味涂鸦图标.swf

● **设计色彩分析**
　　图标上主要采用橘色的渐变颜色作为图标的颜色，使其具有活泼的感觉。

（R105、G0、B1） （R80、G49、B0） （R255、G122、B28）

01 新建空白图像文件
执行"文件>新建"命令，在弹出的"新建"对话框中设置各项参数及选项，完成后单击"确定"按钮，新建空白图像文件。

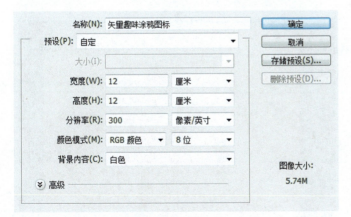

02 制作图标背景
执行"文件>打开"命令，打开"背景.jpg"文件。拖曳到当前文件图像中，生成"图层1"。

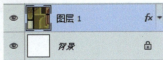

03 制作背景的图层样式

选择"图层1",单击"添加图层样式"按钮 fx.,选择"图案叠加"选项并设置参数,制作图案样式。

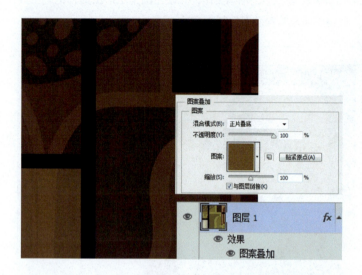

04 制作图标的底层

单击圆角矩形工具,在其属性栏中设置其"填充"为黄色到橘黄色的线性渐变,"描边"为无,在画面中间绘制圆角矩形,得到"圆角矩形1"。

05 制作图标底端图案的图层样式

选择绘制好的"圆角矩形1",单击"添加图层样式"按钮 fx.,选择"斜面和浮雕"选项并设置参数,制作图案样式,单击"添加图层样式"按钮 fx.,选择"投影"选项并设置参数,制作图案样式。

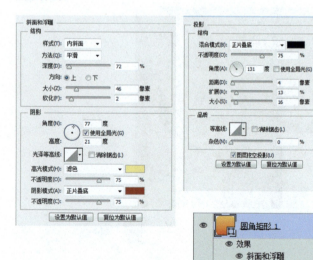

06 继续制作图标底端图案的图层样式

继续选择绘制好的"圆角矩形1",单击"添加图层样式"按钮 fx.,选择"图案叠加"选项并设置参数,制作图案样式。

07 制作图标内的卡通图案

打开"01.png"文件。拖曳到当前文件图像中,生成"图层2",使用快捷键Ctrl+T变换图像大小,并将其放至于画面合适的位置。按住Alt键并单击鼠标左键,创建其图层剪贴蒙版。

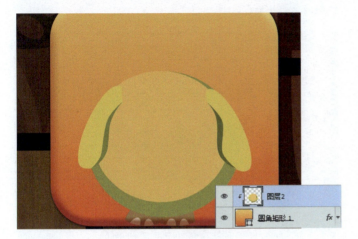

08 绘制图标内的卡通图案的嘴巴

单击钢笔工具,在其属性栏中设置其属性为"形状","填色"为深红色,在绘制好的卡通图案上绘制其嘴巴的形状,得到"形状1"。

09 绘制图标内的卡通图案的嘴巴里面的舌头

继续单击钢笔工具,在其属性栏中设置其属性为"形状","填色"为红色,在绘制好的嘴巴上绘制舌头的形状,得到"形状2"。按住Alt键并单击鼠标左键,创建其图层剪贴蒙版。将其嵌入绘制好的卡通图案的嘴巴里面。

10 绘制图标内的卡通图案的嘴巴上面的牙齿图案

继续单击钢笔工具,在其属性栏中设置其属性为"形状","填色"为白色,绘制图标内的卡通图案的嘴巴上面的牙齿图案,得到"形状3"。按住Alt键并单击鼠标左键,创建其图层剪贴蒙版。将其嵌入绘制好的卡通图案的嘴巴里面。

创意UI Photoshop玩转图标设计（第2版）

11 绘制图标内的卡通图案的嘴巴下面的牙齿图案

继续单击钢笔工具，在其属性栏中设置其属性为"形状"，"填色"为白色，绘制图标内的卡通图案的嘴巴下面的牙齿图案，得到"形状3"。按住Alt键并单击鼠标左键，创建其图层剪贴蒙版。将其嵌入绘制好的卡通图案的嘴巴里面。

12 绘制图标里面的卡通图案上的左边眼睛

继续单击钢笔工具，绘制图标内的卡通图案的上方绘制眼睛的形状，得到"形状5"。并在其属性栏中更改设置"填色"为深棕红色，"描边"大小为3的实线，在画面上绘制出其眼睛的线条，得到"形状6"。

13 复制形状制作其动画形状的右边眼睛

按住Shift键选择"形状5"和"形状6"，按快捷键Ctrl+J复制得到"形状5副本"和"形状6副本"，使用快捷键Ctrl+T变换图像方向，将其放至于画面合适的位置。

14 在图标上绘制其卡通形象的腮红

新建"图层3"，设置需要的前景色，单击画笔工具，选择尖角画笔并适当调整大小及透明度，在画面上绘制其卡通形象的腮红，使其可爱。

15 绘制图标内的卡通图案上的帽子

单击钢笔工具,在其属性栏中设置其属性为"形状","填色"为深红色,在绘制好的卡通图案上绘制其图案上的帽子形状,得到"形状7"。

16 制作帽子上的图层样式

选择"形状7",单击"添加图层样式"按钮,选择"斜面和浮雕"选项并设置参数,制作图案样式。单击"图案叠加"按钮,选择"投影"选项并设置参数,制作图案样式。

17 继续复制前面绘制的嘴巴及里面的形状制作帽子上的卡通形象

按住Shift键选择"形状1"到"形状4",按快捷键Ctrl+J复制得到"形状1副本"到"形状4副本",将其移至图层上方,使用快捷键Ctrl+T变换图像大小,并将其放至于画面合适的位置。制作帽子上的卡通形象。

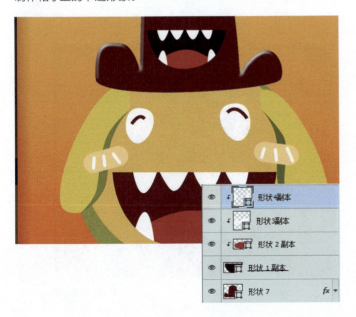

18 绘制卡通形象上的眉毛

单击钢笔工具,在其属性栏中设置其属性为"形状","填色"为黄灰色,"描边"大小为7的实线,在绘制好的形象上绘制其眉毛的形状,得到"形状8"和"形状9"。

19 继续复制前面绘制的眼睛图案制作帽子上的卡通形象

按住Shift键选择"形状5"到"形状6副本",按快捷键Ctrl+J复制得到"形状5副本2"到"形状6副本3",将其移至图层上方,使用快捷键Ctrl+T变换图像大小,并将其放至于画面合适的位置。制作帽子上的卡通形象。

20 制作帽子上的卡通形象的可爱腮红

新建"图层4",单击钢笔工具,在其属性栏中设置其属性为"路径",在画面上绘制卡通形象的可爱腮红,并创建选区,设置前景色为粉色,按快捷键Alt+Delete,填充选区为粉色,完成后按快捷键Ctrl+D取消选区,并复制将其放置于画面上合适的位置。

21 制作图标上的水滴图案

继续单击钢笔工具,在其属性栏中设置其属性为"形状","填色"为蓝色,在画面上合适的位置绘制水滴图案,得到"形状10",连续按快捷键Ctrl+J复制得到其副本,依次使用快捷键Ctrl+T变换其图像大小和方向,放至于画面合适的位置并编组"组1"。

22 继续制作图标上的水滴图案

新选择"组1",按快捷键Ctrl+J复制得到"组1副本",使用快捷键Ctrl+T变换图像大小和方向,并将其放至于画面合适的位置。

23 制作图标下方的提示图案

单击圆角矩形工具 ▭，结合其形状属性栏的设置绘制，在其属性栏中选择其需要的形状，在画面上绘制需要的图形。完成后栅格化图层并将其重命名为"图层5"。

24 制作图标下方提示图案的图层样式

选择"图层5",单击"添加图层样式"按钮 fx，选择"斜面和浮雕"选项并设置参数，制作图案样式。

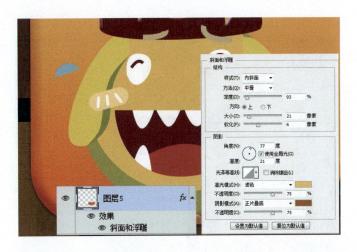

25 制作图标下方提示图案上的文字

单击横排文字工具 T，设置前景色为黄色，输入所需文字，双击文字图层，在其属性栏中设置文字的字体样式及大小，将其放至于画面合适的位置。

26 制作图标下方提示图案上文字的图层样式

选择文字图层，单击"添加图层样式"按钮 fx，选择"投影"选项并设置参数，制作图案样式。

创意UI Photoshop玩转图标设计（第2版）

27 **盖印图层并制作其图层样式**
按快捷键Shift+Ctrl+Alt+E盖印图层得到"图层6"，单击"添加图层样式"按钮 fx.，选择"图案叠加"选项并设置参数，制作图案样式。

28 **加深图标四周的颜色**
新建"图层7"，使用魔棒工具 选择图标四周的选区，设置前景色为黑色，单击画笔工具 选择柔角画笔并适当调整大小及透明度，在选区内适当地涂抹，然后按快捷键Ctrl+D取消选区。设置混合模式为"正片叠底"。

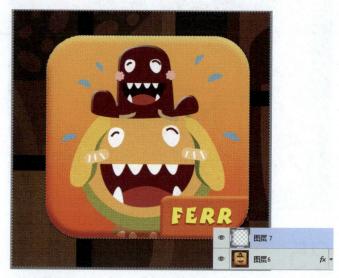

29 **继续加深图标四周的颜色**
选择"图层7"，按快捷键Ctrl+J复制得到"图层7副本"，加深图标四周的颜色，"不透明度"为38%。

30 **将图标制作完成**
单击"创建新的填充或调整图层"按钮 ，在弹出的菜单中选择"色相/饱和度"选项设置参数，调整画面的色调。至此，本实例制作完成。

设计小结

1.使用深色的背景和饱和度较高的图标可以突出画面中的图标。
2.制作图标上的肌理效果可以制作其"图案叠加"样式，并适当地修改其"不透明度"。

6.2 可爱动画涂鸦风格图标

本小节为大家讲解可爱动画涂鸦风格图标，下面将从制作可爱动画游戏涂鸦风格图标和可爱动画涂鸦风格图标界面两个方面对图标的制作方向和制作过程进行讲解。

实战 1 可爱游戏涂鸦风格图标

设计思路：

本节中的实例是制作可爱游戏涂鸦风格图标。画面以灰色作为背景突出图标，并结合圆角矩形工具、自定形状工具、钢笔工具绘制出可爱的卡通形象涂鸦风格图标。

- **设计规格：**
  - 尺寸规格：58×58（像素）
  - 使用工具：圆角矩形工具、自定形状工具、钢笔工具
  - 源 文 件：第6章/ Complete/可爱游戏涂鸦风格图标.psd
  - 视频地址：视频/第6章/可爱游戏涂鸦风格图标.swf

- **设计色彩分析**
  将制作的图标调整成黄灰色的渐变颜色以制作出具有金属质感的图标。
  （R171、G81、B210）（R61、G173、B166）（R81、G26、B81）

01 新建空白图像文件

执行"文件>新建"命令，在弹出的"新建"对话框中设置各项参数及选项，完成后单击"确定"按钮，新建空白图像文件。

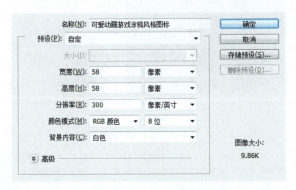

02 制作背景图案颜色

设置前景色为蓝色（R36、G50、B68），按快捷键Alt+Delete，填充背景色为蓝色。

03 绘制图标的底案

使用圆角矩形工具,在其属性栏中设置其"填充"为紫色,"描边"为无,在画面中心绘制图标的整体形状,得到"圆角矩形1"。

04 制作图标的底案的图案样式

选择前面绘制的"圆角矩形1",单击"添加图层样式"按钮,选择"斜面和浮雕"选项并设置参数,制作图案样式。

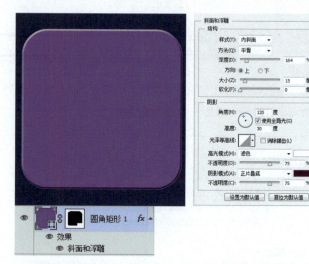

05 使用圆角矩形工具设置不同的颜色绘制图形

继续使用圆角矩形工具,设置需要的颜色,在刚才绘制的圆角矩形图标上继续绘制"圆角矩形2",继续使用圆角矩形工具,设置需要的颜色,在刚才绘制的圆角矩形图标上继续绘制"圆角矩形3"。

06 将图标制作完整

新建"图层1",使用矩形选框工具在画面图标上合适的位置绘制选区,将画面上图标缺少的部分填充为紫色。

技巧点拨

图形拼合

所有的物体几乎都是由几何图形构成的,所以图形拼合完全可以应用几何图形进行拼合从而得到想要的图案。在颜色方面也可以进行设置,拼合时应尽量使用相同的颜色,这样拼合的图形才能更加真实。

07 为后面制作图案和图标的立体性做铺垫

按快捷键Shift+Ctrl+Alt+E盖印图层得到"图层2",使用魔棒工具 选择器中间的选区,并按快捷键Ctrl+J复制得到"图层2副本",单击"添加图层样式"按钮 ,选择"内阴影"选项并设置参数,制作图案样式。关闭"图层2"的"指示图层可见性"按钮 ,关闭其可见性。

08 制作图标外轮廓样式

按住Ctrl键并单击鼠标左键选择"图层2副本",得到"图层2副本"的选区,按快捷键Shift+Ctrl+I反选选中的选区。回到"圆角矩形1"图层,单击"添加图层蒙版"按钮 ,得到其外轮廓,单击"添加图层样式"按钮 ,选择"斜面和浮雕"选项并设置参数,制作图案样式。

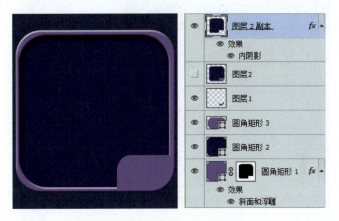

09 绘制可爱的动画图案并制作图案样式

新建"图层3",分别使用椭圆选框工具 和钢笔工具 设置不同的颜色。在图层上绘制需要的图形并创建选区,填充需要的颜色,绘制出可爱的动画图案,单击"添加图层样式"按钮 ,选择"斜面和浮雕""描边"选项并设置参数,制作图案样式。

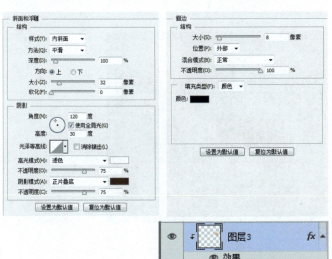

10 将制作的图案嵌入到图标里面

继续在"图层3"上单击"添加图层样式"按钮 ,选择"投影"选项并设置参数,制作图案样式。按住Alt键并单击鼠标左键,创建其图层剪贴蒙版。

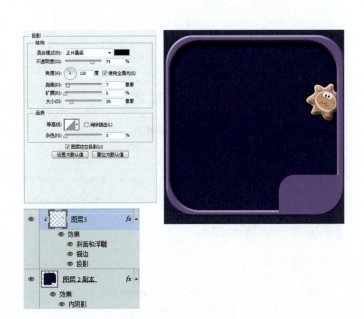

11 将绘制的小图形嵌入到图标里面

使用自定形状工具，在其属性栏中选择需要的图形，并设置其填色为黄灰色。按住Shift键，在画面图标里的合适位置绘制需要得到的图形，得到"形状1"，按住Alt键并单击鼠标左键，创建其图层剪贴蒙版。

12 绘制可爱的动画图案并适当涂抹

新建"图层4"，使用钢笔工具设置不同的颜色，在图层上绘制需要的图形并创建选区，填充需要的颜色绘制出可爱的动画图案，并单击"添加图层蒙版"按钮，单击画笔工具，选择尖角画笔并适当调整大小，在其蒙版上适当涂抹。

13 将绘制的小图形嵌入到图标里面

选择"图层4"，按快捷键Ctrl+J复制得到"图层4副本"，将其移至"图层4"下方，单击"添加图层样式"按钮，选择"描边"选项并设置参数，制作图案样式，按住Alt键并单击鼠标左键，创建其图层剪贴蒙版。

14 将可爱动画游戏涂鸦风格图标制作完成

选择"图层3"，按快捷键Ctrl+J复制得到"图层3副本"，将其移至图层上方，使用快捷键Ctrl+T变换图像大小，并将其放至于画面合适的位置。使用自定形状工具，在其属性栏中选择需要的图形，并设置其填色为黄灰色，在图标右下角绘制图标。至此，本实例制作完成。

设计小结

1. 使用自定形状工具，在其属性栏中选择需要的图形，并设置其填色，在画面上绘制需要的图形。
2. 使用钢笔工具设置不同的颜色，在图层上绘制需要的图形并创建选区，填充需要的颜色绘制出不同的图案。

实战 2 可爱动画涂鸦风格图标

设计思路：
　　本节中的实例是制作可爱动画涂鸦风格图标。画面中采用深色的背景可以使绘制的可爱动画涂鸦风格图标更加得突出。结合圆角矩形工具和钢笔工具、形状工具将图标绘制出来，并结合图层样式与文字工具，将可爱动画涂鸦风格图标绘制完成。

● **设计规格：**
尺寸规格：58×58（像素）
使用工具：圆角矩形工具、钢笔工具、文字工具
源　文　件：第6章/Complete/可爱动画涂鸦风格图标.psd
视频地址：视频/第6章/可爱动画涂鸦风格图标.swf

● **设计色彩分析：**
使用渐变的色彩制作画面上的图标，使其更加具有活泼可爱的艺术效果。

（R16、G4、B60） （R209、G29、B125） （R255、G122、B28）

01 新建空白图像文件
执行"文件>新建"命令，在弹出的"新建"对话框中设置各项参数及选项，完成后单击"确定"按钮，新建空白图像文件。

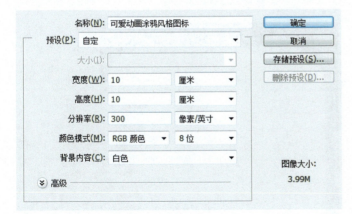

02 制作画面图标上深色的背景
新建"图层1"，设置前景色为深灰色（R30、G30、B30），按快捷键Alt+Delete填充。

03 绘制图标的底层

单击圆角矩形工具，在其属性栏中设置其"填充"为深紫色，"描边"为无，在画面中间绘制圆角矩形得到"圆角矩形1"，绘制图标的底层图形。

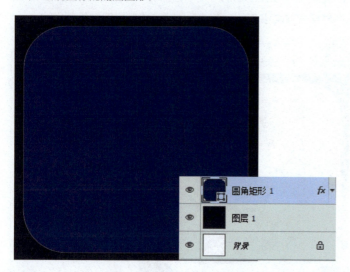

04 制作图标底层的图层样式

选择绘制的"圆角矩形1"，单击"添加图层样式"按钮 fx，选择"斜面和浮雕"选项并设置参数，制作图案样式。

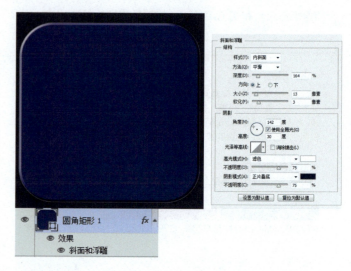

05 继续制作图标上的形状

选择"圆角矩形1"，按快捷键Ctrl+J复制得到"圆角矩形1副本"，将其"斜面和浮雕"的图层样式删除。在其属性栏中更改设置其"填充"为白色。使用快捷键Ctrl+T变换图像大小，并将其放至于画面合适的位置。

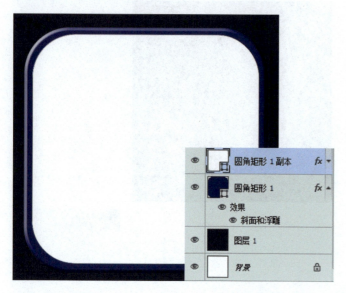

06 制作图标上的图层样式

选择"圆角矩形1副本"，单击"添加图层样式"按钮 fx，选择"斜面和浮雕"选项并设置参数，制作图案样式。

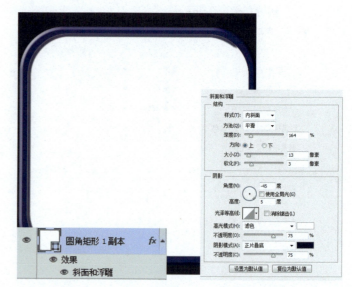

07 制作书本的图标效果

继续选择"圆角矩形1",按快捷键Ctrl+J复制得到"圆角矩形1副本2",将其移至图层上方。使用钢笔工具,结合其形状属性栏的设置绘制,在其属性栏中选择其需要的形状,在画面上绘制需要的图形。在其属性栏中更改设置其"填充"为黄色到橘黄色再到紫色和深紫色的线性渐变。

08 制作书本的图标上图案的图层样式

选择"圆角矩形1副本2",单击"添加图层样式"按钮,选择"斜面和浮雕"选项并设置参数,制作图案样式。

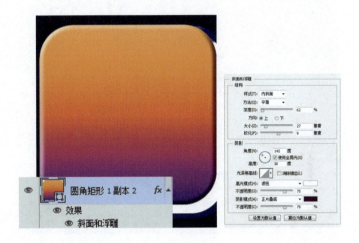

09 继续制作书本的图标上图案的图层样式

继续选择"圆角矩形 1副本2",单击"添加图层样式"按钮,选择"投影"选项并设置参数,制作图案样式。

10 绘制图标上可爱的动物翅膀图案

新建"图层2",使用钢笔工具,在其属性栏中设置其属性为"路径",绘制出画面中需要的形状,并填充需要的颜色,完成后按快捷键Ctrl+D取消选区。

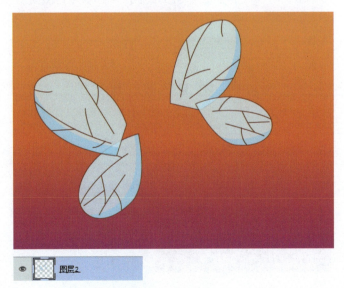

11 绘制图标上可爱的动物身体图案

新建"图层3",继续使用钢笔工具,在其属性栏中设置其属性为"路径",绘制出画面中需要的形状,并填充需要的颜色,完成后按快捷键Ctrl+D取消选区。绘制出图标上可爱的动物身体图案。

12 绘制图标上可爱的动物脑袋图案

新建"图层4",继续使用钢笔工具,在其属性栏中设置其属性为"路径",绘制出画面中需要的形状,并填充需要的颜色,完成后按快捷键Ctrl+D取消选区。绘制出图标上可爱的动物脑袋图案。

13 绘制图标上可爱的动物四肢图案

新建"图层5",将其移至"图层2"上方,继续使用钢笔工具,在其属性栏中设置其属性为"路径",绘制出画面中需要的形状,并填充需要的颜色,完成后按快捷键Ctrl+D取消选区。绘制出图标上可爱的动物四肢图案。

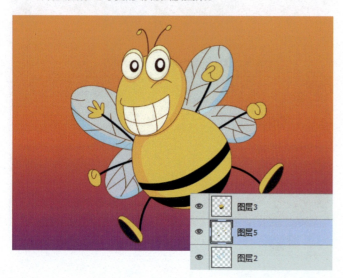

14 将其绘制的图层合并

按住Shift键并选择所有绘制动物的图层,按快捷键Ctrl+G新建"组1",按快捷键Ctrl+J复制得到"组1副本",关闭"组1"的可见性,选择图层单击鼠标右键选择"合并组"选项,得到"组1副本"图层。

15 创建"色相/饱和度1",调整图层色调

单击"创建新的填充或调整图层"按钮,在弹出的菜单中选择"色相/饱和度"选项并设置参数,单击图框中"此调整影响到下面的所有图层"按钮以调整图层色调。

16 使绘制的可爱动物图案柔和融入画面

新建"图层6",按住Ctrl键并单击鼠标左键选择"组1副本"图层,得到"组1副本"选区,使用渐变工具,设置渐变颜色为黄色到橘黄色再到紫色和深紫色的线性渐变并在选区内拖出。按快捷键Ctrl+D取消选区。设置混合模式为"叠加"、"不透明度"为59%。

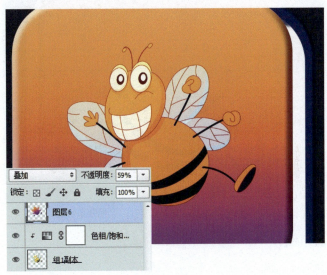

17 绘制图标可爱动物上雪花的效果

新建"图层7",设置前景色为白色,单击画笔工具,选择尖角画笔并适当调整大小及透明度,在图层上适当地涂抹出其雪花的效果。

18 制作图标上的高光效果

新建"图层8",设置前景色为白色,单击画笔工具,选择柔角画笔并适当调整大小及透明度,在图标上涂抹出其高光效果,并设置混合模式为"叠加"。

19 继续制作图标上的高光效果

选择"图层8",按快捷键Ctrl+J复制得到"图层8副本",并更改其混合模式为"正常",继续制作图标上的高光效果。

20 继续制作图标上的高光效果

新建"图层9",单击画笔工具,选择柔角画笔并适当调整大小及透明度,在图标上涂抹出其高光效果,并设置其"不透明度"为72%。

21 制作其图标上的提示

选择"圆角矩形1",按快捷键Ctrl+J复制得到"圆角矩形1副本3",使用钢笔工具,结合其形状属性栏的设置绘制,在其属性栏中选择其需要的形状,在画面上绘制需要的图形,制作其图标上的提示。

22 制作其图标上的提示的图层样式

选择"圆角矩形1副本3",单击"添加图层样式"按钮fx,选择"斜面和浮雕"选项并设置参数,制作图案样式,单击"添加图层样式"按钮fx,选择"投影"选项并设置参数,制作图案样式。

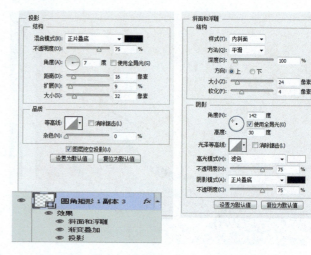

第 6 章 涂鸦风格图标设计

23 继续制作其图标上的提示的图层样式
继续选择"圆角矩形1副本3",单击"添加图层样式"按钮 fx,选择"渐变叠加"选项并设置参数,制作图案样式。

24 制作图标上的文字提示效果
单击横排文字工具 T,设置前景色为白色,输入所需文字,双击文字图层,在其属性栏中设置文字的字体样式及大小,使用快捷键Ctrl+T变换图像方向,并将其放至于画面图标上合适的位置。

25 继续制作图标上的文字提示效果
选择文字图层,按快捷键Ctrl+J复制得到文字图层副本,更改其颜色为红色,并向斜上方适当轻移。

26 将画面制作完成
单击"创建新的填充或调整图层"按钮 ⊙,在弹出的菜单中选择"色相/饱和度"选项并设置参数,调整画面的色调。至此,本实例制作完成。

设计小结

1.使图案融入画面可以设置混合模式为"叠加"。
2.编辑选区后可以按快捷键Ctrl+D取消选区。

6.3 手绘涂鸦界面图标

手绘涂鸦界面图标主要是通过手绘的方式绘制出各种有趣的生动的图标形象。下面将对手绘涂鸦界面图标、手绘相机应用图标以及手绘导航应用图标进行讲解,使读者了解手绘图标的制作过程和方式。

实战 1 手绘涂鸦界面图标

设计思路:

本节中的实例是制作手绘涂鸦界面图标。通过亮色的背景突出画面上手绘的图标,并结合需要的画笔工具设置需要的颜色和图层混合模式,将手绘涂鸦界面图标制作完成。

- **设计规格:**

  尺寸规格:58×58(像素)
  使用工具:画笔工具、文字工具
  源 文 件:第6章/ Complete/手绘涂鸦界面图标.psd
  视频地址:视频/第6章/手绘涂鸦界面图标.swf

- **设计色彩分析**

  手绘涂鸦的图标主要采用棕橘色的色调。

  (R242、G105、B69)　(R131、G0、B6)　(R255、G241、B219)

01 新建空白图像文件
执行"文件>新建"命令,在弹出的"新建"对话框中设置各项参数及选项,完成后单击"确定"按钮,新建空白图像文件。

02 制作画面背景
新建"图层1",设置前景色为淡黄色(R255、G241、B219),按快捷键Alt+Delete,填充背景色为淡黄色。

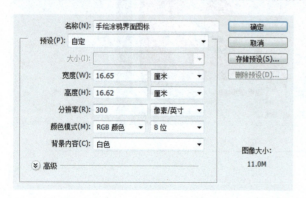

03 制作背景的图案样式

选择"图层1",单击"添加图层样式"按钮 fx.,选择"图案叠加"选项并设置参数,制作图案样式。

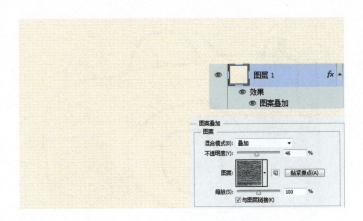

04 绘制涂鸦相机图标的大体形状

新建"图层2",设置前景色为深棕色,单击画笔工具,选择尖角画笔并适当调整大小及透明度,在画面上绘制涂鸦相机图标的大体形状。

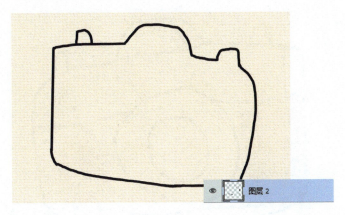

05 继续绘制涂鸦相机图标的形状

新建"图层3",继续设置前景色为深棕色,单击画笔工具,选择尖角画笔并适当调整大小及透明度,在画面上继续绘制涂鸦相机图标的形状。

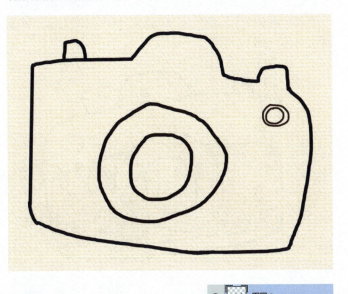

06 绘制涂鸦相机图标的立体形状

新建"图层4",将其移至"图层2"下方,设置前景为深棕色,继续绘制涂鸦相机图标的立体形状。

07 涂抹绘制涂鸦相机上的颜色

新建"图层5",将其移至"图层1"上方,设置前景色为淡红棕色,单击画笔工具，选择柔角画笔并适当调整大小及透明度,在画面上绘制的相机上涂抹其相机上的颜色。

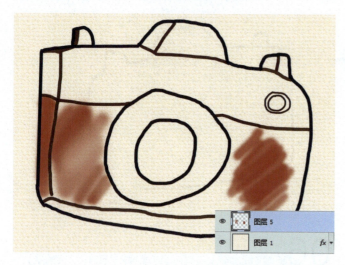

08 继续涂抹绘制涂鸦相机上的颜色

新建"图层6",设置前景色为红棕色,单击画笔工具，选择柔角画笔并适当调整大小及透明度,继续在画面上绘制的相机上涂抹其相机上的颜色。

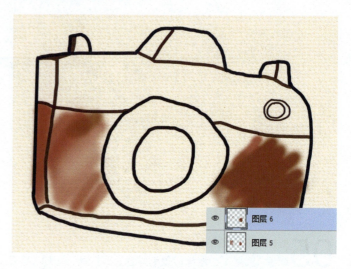

09 继续涂抹绘制涂鸦相机上的颜色

新建"图层7",设置前景色为红灰色,单击画笔工具，选择柔角画笔并适当调整大小及透明度,继续在画面上绘制的相机上涂抹其相机上的颜色。

10 继续涂抹绘制涂鸦相机上的颜色

新建"图层8",设置前景色为红灰色,单击画笔工具，选择柔角画笔并适当调整大小及透明度,继续在画面上绘制的相机上涂抹其相机上的颜色。

11 继续涂抹绘制涂鸦相机上的颜色

新建"图层9",设置前景色为亮黄灰色,单击画笔工具 ,选择柔角画笔并适当调整大小及透明度,继续在画面上绘制的相机上涂抹其相机上的颜色。

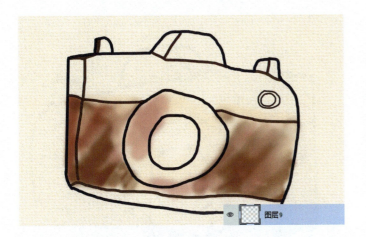

12 继续涂抹绘制涂鸦相机上的颜色

新建"图层10",设置前景色为亮灰色,单击画笔工具 ,选择柔角画笔并适当调整大小及透明度,继续在画面上绘制的相机上涂抹其相机上的颜色。

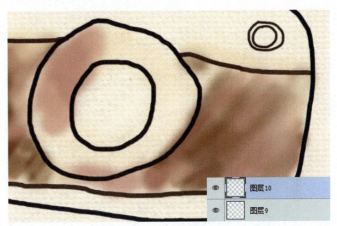

13 继续涂抹绘制涂鸦相机上的颜色

新建"图层11",设置前景色为亮黄灰色,单击画笔工具 ,选择柔角画笔并适当调整大小及透明度,继续在画面上绘制的相机上涂抹其相机上的颜色。

14 继续涂抹绘制涂鸦相机上的颜色

新建"图层12",设置前景色为亮红灰色,单击画笔工具 ,选择柔角画笔并适当调整大小及透明度,继续在画面上绘制的相机上涂抹其相机上的颜色。

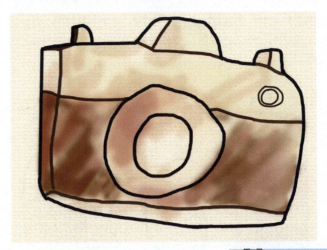

15 盖印图层加强图标的涂鸦效果

单击"背景"图层和"图层1"的"指示图层可见性"按钮👁，即可关闭"背景"图层和"图层1"的可见性，按快捷键Shift+Ctrl+Alt+E盖印图层得到"图层13"，在其"图层"面板上设置混合模式为"正片叠底"、"不透明度"为45%，并打开"图层1"的可见性。

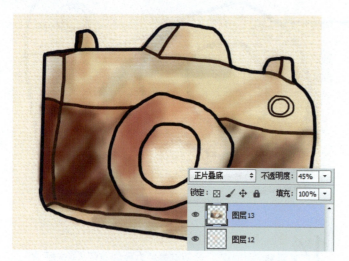

16 继续涂抹绘制涂鸦相机上的颜色

新建"图层14"，设置前景色为亮红会色，单击画笔工具 ✐ 选择柔角画笔并适当调整大小及透明度，继续在画面上绘制的相机上涂抹其相机上的颜色。在其"图层"面板上设置混合模式为"滤色"、"不透明度"为30%。

17 继续涂抹绘制涂鸦相机上的颜色

新建"图层15"，设置前景色为白色，单击画笔工具 ✐ 选择柔角画笔并适当调整大小及透明度，继续在画面上绘制的相机上涂抹其相机上的颜色。在其"图层"面板上设置混合模式为"叠加"。

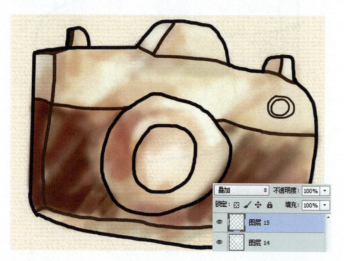

18 继续涂抹绘制涂鸦相机上的颜色

新建"图层16"，设置前景色为需要的颜色，单击画笔工具 ✐ 选择柔角画笔并适当调整大小及透明度，继续在画面上绘制的相机的小镜头上涂抹其相机上的颜色。在其"图层"面板上设置混合模式为"正片叠底"。

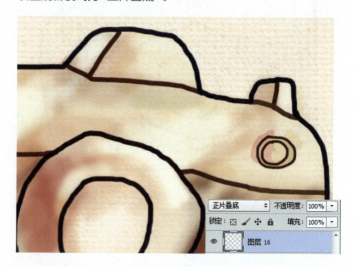

19 继续涂抹绘制涂鸦相机上的高光颜色

新建"图层17",设置前景色为白色,单击画笔工具,选择柔角画笔并适当调整大小及透明度,继续在画面上绘制的相机的小镜头上涂抹其相机上的高光颜色。

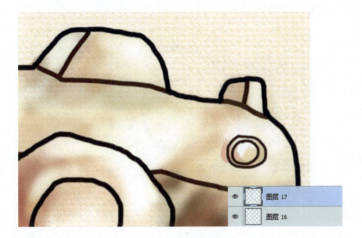

20 绘制其相机上的手绘纹理效果

新建"图层18",设置前景色为深棕色,单击画笔工具,选择尖角画笔并适当调整大小及透明度,绘制其相机上的手绘纹理效果。在其"图层"面板上设置"不透明度"为73%。

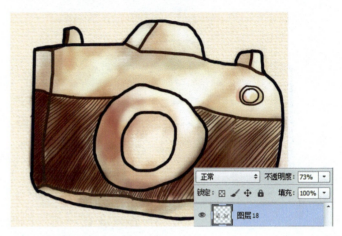

21 盖印图层加强图标的涂鸦效果

回到"图层3",单击"图层1"的"指示图层可见性"按钮,即可关闭"图层1"的可见性,按快捷键Shift+Ctrl+Alt+E盖印图层得到"图层19",在其"图层"面板上设置混合模式为"叠加"、"不透明度"为49%,并打开"图层1"的可见性。

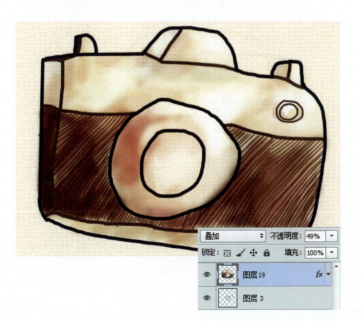

22 继续制作盖印图层的图层样式

选择"图层19",单击"添加图层样式"按钮,选择"投影"选项并设置参数,制作图案样式。

创意UI Photoshop玩转图标设计（第2版）

23 创建"色相/饱和度1"，调整画面的色调
单击"创建新的填充或调整图层"按钮，在弹出的菜单中选择"色相/饱和度"选项并设置参数，调整画面的色调。

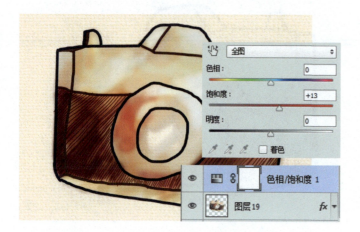

24 制作图标下方的文字及图案样式
单击横排文字工具，设置前景色为黄灰色，输入所需文字，双击文字图层，在其属性栏中设置文字的字体样式及大小，单击"添加图层样式"按钮，选择"斜面和浮雕"选项并设置参数，制作图案样式。

25 继续制作图标下方的文字图案样式
选择文字图层，单击"添加图层样式"按钮，选择"描边""投影"选项并设置参数，制作图案样式。

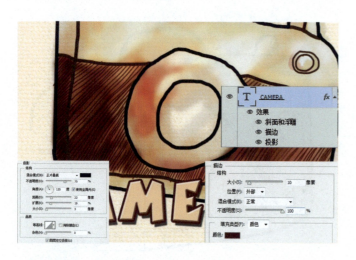

26 将画面制作完成
新建"图层20"，设置前景色为深棕色，单击画笔工具选择尖角画笔并适当调整大小及透明度，绘制其文字上的纹理效果。并在其"图层"面板上设置其"不透明度"为78%。按住Alt键并单击鼠标左键，创建其图层剪贴蒙版。至此，本实例制作完成。

设计小结

1. 按住Alt键并单击鼠标左键，可以创建其图层剪贴蒙版。
2. 单击"添加图层样式"按钮，选择"图案叠加"选项并设置参数，制作图案叠加图案样式。

实战 2 手绘相机应用图标

设计思路：
本节中的实例是制作手绘相机应用图标，画面中使用深色的背景使绘制的图标更加得突出，画面上的图标采用黄灰色使其更加具有在纸上绘制的效果，并结合画笔工具绘制出图标上的图案，最后结合文字工具将手绘相机应用图标制作完成。

● **设计规格：**
尺寸规格：58×58（像素）
使用工具：圆角矩形工具、椭圆工具、钢笔工具
源 文 件：第6章/ Complete/手绘相机应用图标.psd
视频地址：视频/第6章/手绘相机应用图标.swf

● **设计色彩分析**
通过背景的深色和图标的亮黄色，使图标更加突出。

（R100、G75、B51） （R51、G51、B51） （R247、G236、B178）

01 新建空白图像文件
执行"文件>新建"命令，在弹出的"新建"对话框中设置各项参数及选项，完成后单击"确定"按钮，新建空白图像文件。

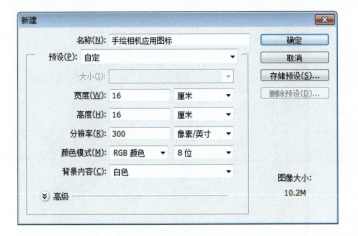

02 制作画面背景
新建"图层1"，设置前景色为深灰色（R51、G51、B51），按快捷键Alt+Delete，填充背景色为深灰色。

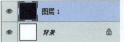

03 在画面上绘制图标的形状

单击圆角矩形工具，在其属性栏中设置其"填充"为亮黄色，"描边"为无，在画面上绘制圆角矩形得到"圆角矩形1"。

04 制作图标的图层样式

选择"圆角矩形1"，单击"添加图层样式"按钮，选择"斜面和浮雕"选项并设置参数，制作图案样式。单击"添加图层样式"按钮，选择"渐变叠加"选项并设置参数，制作图案样式。

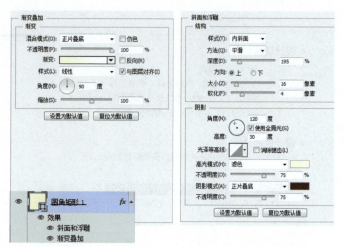

05 继续制作图标的图层样式

继续选择"圆角矩形1"，单击"添加图层样式"按钮，选择"图案叠加"选项并设置参数，制作图案样式。

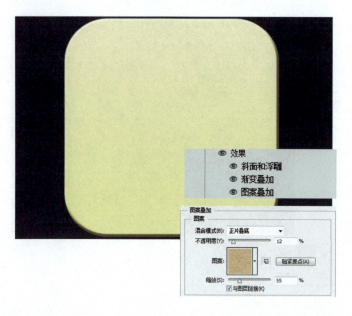

06 绘制图标上面的人物头像

新建"图层1"，设置前景色为深棕色，单击画笔工具，选择需要的画笔并适当调整大小及透明度，在画面上绘制人物的头部。

07 绘制图标上面的人物头发

新建"图层2",设置前景色为深棕色,单击画笔工具 ,选择需要的画笔并适当调整大小及透明度,绘制图标上面的人物头发。

08 绘制图标上面的人物嘴巴

新建"图层3",设置前景色为深棕色,单击画笔工具 ,选择需要的画笔并适当调整大小及透明度,绘制图标上面的人物嘴巴。

09 绘制图标上面的人物鼻子上的线条

新建"图层4",设置前景色为深棕色,单击画笔工具 ,选择需要的画笔并适当调整大小及透明度,绘制图标上面的人物鼻子上的线条。

10 加深绘制图标上面的人物发式

新建"图层5",设置前景色为深棕色,单击画笔工具 ,选择需要的画笔并适当调整大小及透明度,加深绘制图标上面的人物发式。按住Shift键并选择"图层4"到"图层5",按快捷键Ctrl+G新建"组1"。

11 绘制图标上人物的Q版身体

单击"组1"的"指示图层可见性"按钮,即可关闭"组1"的可见性,新建"图层6",设置前景色为深棕色,单击画笔工具，选择需要的画笔并适当调整大小及透明度,绘制图标上人物的Q版身体。

12 制作人物身体上的颜色

新建"图层7",将其移至"组1"上方。使用魔棒工具选取人物身体部分并将其填充为亮黄色。

13 继续制作人物身体上的颜色

新建"图层8",继续使用魔棒工具选区人物身体部分并将其填充为亮黄色。按住Shift键并选择"图层7"到"图层6",按快捷键Ctrl+G新建"组2"。

14 绘制人物四周的水滴

新建"图层9",设置前景色为深棕色,单击画笔工具，选择需要的画笔并适当调整大小及透明度,绘制人物四周的水滴,增加画面的丰富性。

15 制作出图标上人物的Q版身体

选择"组2",按快捷键Ctrl+J复制得到"图层2副本",选择图层单击鼠标右键选择"合并组"选项,得到"组2副本"图层。将其移至"圆角矩形1"上方,使用快捷键Ctrl+T变换图像大小,并将其放至于画面合适的位置,制作出图标上人物的Q版身体。

16 绘制图标上的涂鸦文字效果

回到"图层9",新建"图层11",设置前景色为深棕色,单击画笔工具 选择需要的画笔并适当调整大小及透明度,在画面上绘制图标上的涂鸦文字效果。

17 创建"色阶1",调整画面的色调

单击"创建新的填充或调整图层"按钮 ,在弹出的菜单中选择"色阶"选项设置参数,调整画面的色调。

18 创建"色相/饱和度1",调整画面的色调

单击"创建新的填充或调整图层"按钮 ,在弹出的菜单中选择"色相/饱和度"选项并设置参数,调整画面的色调。至此,本实例制作完成。

设计小结

1. 制作涂鸦图标需要注意设置的画笔。
2. 在绘制之前可以先进行草稿的绘画,便于后面绘画的完整性和精美度。

实战 3 手绘导航应用图标

设计思路：

本节中的实例是制作手绘导航应用图标，画面运用深色的背景突出图标，使用圆角矩形工具和图案样式的叠加制作画面中的导航应用图标，并结合画笔工具制作图标的手绘图案，以将其制作完成。

● **设计规格：**

尺寸规格：58×58（像素）
使用工具：圆角矩形工具、钢笔工具
源 文 件：第6章/ Complete/手绘导航应用图标.psd
视频地址：视频/第6章/手绘导航应用图标.swf

● **设计色彩分析**

画面中运用深色的背景突出图标。

（R29、G29、B29） （R250、G232、B221） （R197、G89、B45）

01 新建空白图像文件

执行"文件>新建"命令，在弹出的"新建"对话框中设置各项参数及选项，完成后单击"确定"按钮，新建空白图像文件。

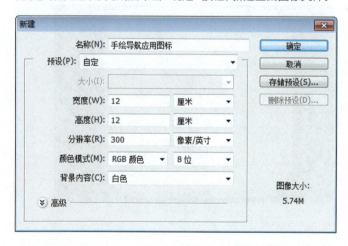

02 制作画面背景

新建"图层1"，设置前景色为深灰色（R29、G29、B29），按快捷键Alt+Delete，填充背景色为深灰色。

03 制作图标底部的形状

单击圆角矩形工具，在其属性栏中设置其"填充"为深棕色，"描边"为无。在画面中间绘制圆角矩形，得到"圆角矩形1"。

04 制作图标底部的图案样式

选择"圆角矩形1"，单击"添加图层样式"按钮，选择"颜色叠加""渐变叠加"选项并设置参数，制作图案样式。

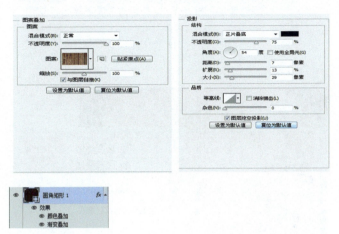

05 继续制作图标底部的图案样式

打开"木纹.jpg"文件，生成"背景"图层，执行"编辑>定义图案"命令，在弹出的对话框中设置纹理的名称并单击"确定"按钮，完成定义图案。回到"圆角矩形1"，单击"添加图层样式"按钮，选择"图案叠加""投影"选项并设置参数，制作图案样式。

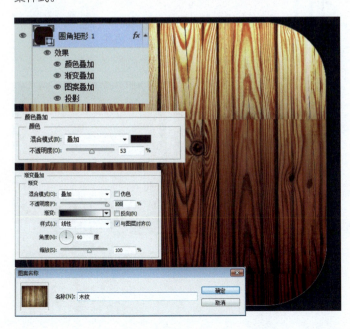

06 制作图标上的形状

选择"圆角矩形1"，按快捷键Ctrl+J复制得到"圆角矩形1副本"，将其"填色"更改为亮黄色，并删除其图层样式，将其放置于画面合适的位置。

07 制作图标上的形状及样式

选择"圆角矩形1",按快捷键Ctrl+J复制得到"圆角矩形1副本2",将其移至图层上方,放至于画面合适的位置。删除其"投影"和"颜色叠加"图层样式,并更改"渐变叠加"选项里面的样式。

08

继续单击圆角矩形工具,在其属性栏中设置其"填充"为白色,在绘制好的图标中间上继续绘制圆角矩形,得到"圆角矩形2"。选择图层,单击鼠标右键选择"栅格化图层"选项,在"圆角矩形1副本2"上按住Ctrl键并单击鼠标左键选择"圆角矩形2",得到其选区,将其反选后单击"添加图层蒙版"按钮。

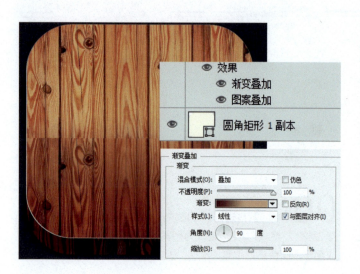

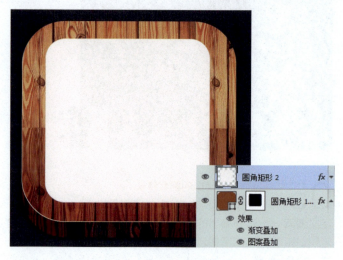

09 制作图案样式

选择"圆角矩形2",单击"添加图层样式"按钮,选择"斜面和浮雕"选项并设置参数,制作图案样式,继续单击"添加图层样式"按钮,选择"投影"选项并设置参数。

10 制作图标上的页面图案效果

选择"圆角矩形2",按快捷键Ctrl+J复制得到"圆角矩形2副本",并将其向上轻移一定的距离,将其"斜面和浮雕"的图标样式删除。

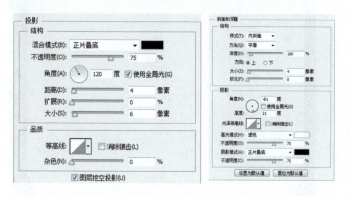

11 制作图标上的页面图案阴影图样效果

继续选择"圆角矩形2",按快捷键Ctrl+J复制得到"圆角矩形2副本2"。将其移至图层上方,在其属性栏中更改设置其"填充"为棕色,将其图层样式删除,单击"添加图层样式"按钮 fx.,选择"投影"选项并设置参数,制作图案样式。

12 继续制作图标上的页面效果

继续选择"圆角矩形2",按快捷键Ctrl+J复制得到"圆角矩形2副本3",将其移至图层上方并放至于画面合适的位置,将其图层样式删除。单击"添加图层样式"按钮 fx.,选择"图案叠加""投影"选项并设置参数,制作图案样式。

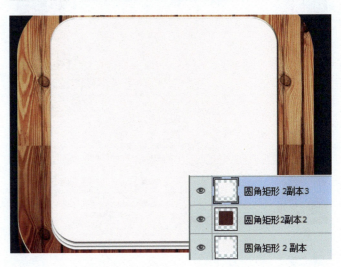

13 制作图标上的页面图案效果

选择"圆角矩形2副本3",打开"地图.jpg"文件。生成"背景"图层,执行"编辑>定义图案"命令,在弹出的对话框中设置纹理的名称并单击"确定"按钮,完成定义图案。回到"圆角矩形2副本4",更改其"图案叠加"的图层样式。

14 制作图标上的折角效果

选择"圆角矩形2副本3",按快捷键Ctrl+J复制得到"圆角矩形2副本4",删除其"图案叠加"和"投影"的图层样式。并使用多边形套索工具 ,在图层上适当地选择要制作折角的部分并将其删除,完成后按快捷键Ctrl+D取消选区。

15 制作图标最上层的图案样式

选择"圆角矩形 2 副本 4",单击"添加图层样式"按钮 fx.,选择"图案叠加"选项并设置参数,制作图案样式。

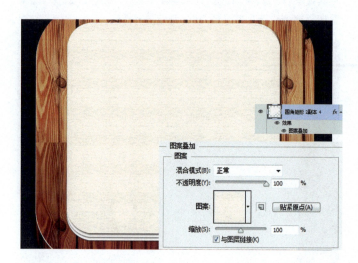

16 制作图标上的纹理效果

新建"图层 2",使用矩形选框工具 绘制出相同间隔的条状纹理并将其填充为淡蓝色,完成后按快捷键Ctrl+D取消选区。

17 继续制作图标上的纹理效果

使用矩形工具 ,在其属性栏中设置其"填充"为粉色,"描边"为无,在画面上绘制需要的信纸纹理效果,得到"矩形1"。在其"图层"面板上设置其"不透明度"为57%。

18 继续制作图标上的纹理效果

选择"矩形1",按快捷键Ctrl+J复制得到"矩形1副本",并将其移至图标上合适的位置。

19 制作画面上的手绘图标样式

新建"图层3",设置前景色为深棕色,单击画笔工具,选择尖角画笔并适当调整大小及透明度,在画面上绘制手绘的图标。

20 制作画面上的手绘图标样式

新建"图层4",使用魔棒工具,选择其绘制的图标,得到其选区,设置前景色为淡黄色,按快捷键Alt+Delete,填充选区,按快捷键Ctrl+D取消选区。在其"图层"面板上设置其设置混合模式为"正片叠底"。

21 制作图标上的涂鸦

新建"图层5",按住Ctrl键并单击鼠标左键选择"图层4",得到其选区,设置前景色为深棕色,单击画笔工具,选择尖角画笔并适当调整大小及透明度。在图层上绘制涂鸦,设置混合模式为"正片叠底"。

22 继续制作画面上的手绘图标样式

新建"图层6",设置前景色为深棕色,单击画笔工具,选择尖角画笔并适当调整大小及透明度。在画面上绘制手绘的图标。

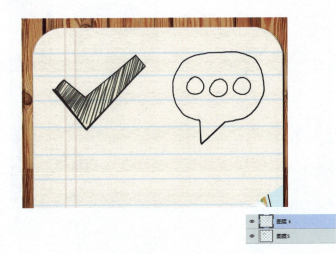

23 制作画面上的手绘图标样式

新建"图层7",使用魔棒工具,选择其绘制的图标,得到其选区,设置前景色为淡黄色,按快捷键Alt+Delete,填充选区,按快捷键Ctrl+D取消选区。在其"图层"面板上设置其设置混合模式为"正片叠底"。

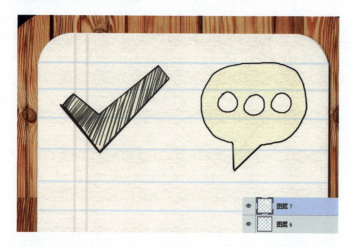

24 制作图标上的涂鸦

新建"图层8",按住Ctrl键并单击鼠标左键选择"图层4",得到其选区,设置前景色为深棕色,单击画笔工具,选择尖角画笔并适当调整大小及透明度。在图层上绘制涂鸦,设置混合模式为"正片叠底"。

25 继续制作画面上的手绘图标样式

新建"图层9",设置前景色为深棕色,单击画笔工具,选择尖角画笔并适当调整大小及透明度。在画面上绘制手绘的图标。

26 继续制作图标上的涂鸦效果

使用和前面制作涂鸦图标相同的方法新建"图层10"和"图层11",制作图标上的涂鸦效果。

27 继续制作画面上的手绘图标样式

新建"图层12",设置前景色为深棕色,单击画笔工具,选择尖角画笔并适当调整大小及透明度。在画面上绘制手绘的图标。

28 继续制作图标上的涂鸦效果

使用和前面制作涂鸦图标相同的方法新建"图层13"和"图层14",制作图标上的涂鸦效果。

29 制作图标上的卷页效果

新建"图层15",使用钢笔工具,在其属性栏中设置其属性为"路径",在图标上绘制卷页的效果,并创建选区。使用渐变工具,设置渐变颜色为深灰色到亮白色的线性渐变,在选区内透出渐变,完成后按快捷键Ctrl+D取消选区。

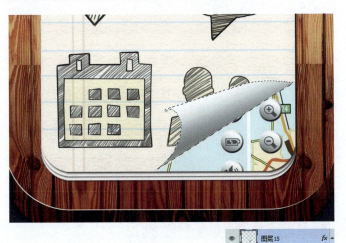

30 制作图标上的卷页效果上的图层样式

选择"图层15",单击"添加图层样式"按钮,选择"图案叠加"选项并设置参数,制作图案样式。

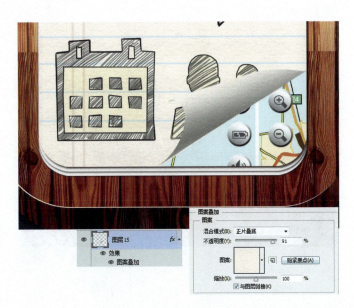

创意UI Photoshop玩转图标设计（第2版）

31 制作图标上卷页效果的投影效果
选择"图层15"，按快捷键Ctrl+J复制得到"图层15副本"，将其移至图层下方并使用快捷键Ctrl+T变换图像大小和形状，将其放至于画面合适的位置。在其"图层"面板上设置其混合模式为"正片叠底"、"不透明度"为80%。

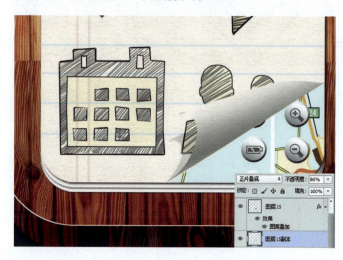

32 继续制作图标上卷页效果的投影效果
新建"图层16"，设置前景色为黑色，单击画笔工具，选择柔角画笔并适当调整大小及透明度，在卷页效果下方适当涂抹其阴影效果，在其"图层"面板上设置其混合模式为"正片叠底"。

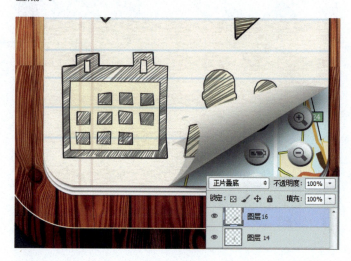

33 继续制作图标上卷页效果的投影效果
新建"图层17"，使用钢笔工具，在其属性栏中设置其属性为"路径"，在图标上绘制卷页的阴影效果，并创建选区。使用渐变工具，设置渐变颜色为黑色到透明色的线性渐变，完成后按快捷键Ctrl+D取消选区。

34 制作图标上卷页效果的反光效果
回到"图层15"，新建"图层18"，按住Ctrl键并单击鼠标左键选择"图层15"，得到"图层15"的选区，设置前景色为亮灰色，单击画笔工具，选择柔角画笔并适当调整大小及透明度，在选区内适当涂抹，并设置其"不透明度"为35%。

35 创建"色阶1",调整画面的色调
单击"创建新的填充或调整图层"按钮，在弹出的菜单中选择"色阶"选项设置参数，调整画面的色调。

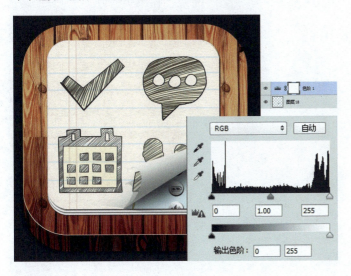

36 创建"图案填充1",调整画面的色调
单击"创建新的填充或调整图层"按钮，在弹出的菜单中选择"图案填充"选项并设置参数。

37 设置"图案填充1"
选择"图案填充1"图层，在其"图层"面板上设置其混合模式为"正片叠底"、"不透明度"为4%。

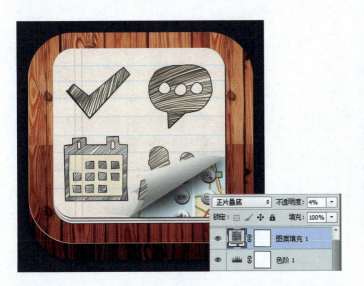

38 将图标制作完成
单击"创建新的填充或调整图层"按钮，在弹出的菜单中选择"色相/饱和度"选项设置参数，调整画面的色调。至此，本实例制作完成。

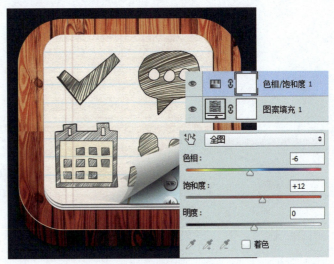

设计小结

1. 单击"创建新的填充或调整图层"按钮，在弹出的菜单中选择"色阶"选项并设置参数，调整画面的色调。
2. 使用钢笔工具，在其属性栏中设置其属性为"路径"，绘制图形并制作图标上的卷页效果。

第 7 章 玩转图标应用

图标的应用充斥着我们的生活,下面将从移动应用图标和电脑桌面应用图标两个方面将图标应用完整且清晰地为大家来讲解。

·设计构思·

图标就相当于应用程序的一个映射，应用程序都在磁盘里面，把其图标放到桌面便于你迅速打开应用程序，不用你再到磁盘里面去找了。我们制作的图标和其应用应该是相互统一和谐的。App Store里一个显眼的、形象的图标会吸引用户的注意，图标是用户和 App 的首次接触，如果图标不够醒目，那么 App 也不能引起用户的兴趣，App 也就很快会被淹没。

1. 灵感来源于生活

这是一个可以效仿却永远不会有抄袭之嫌的类比，将现实生活中真实存在的物理产品转变成应用，并通过其在现实世界里的影响力来推广自己的应用及品牌，让用户在看到它的应用之时，就产生一种似曾相识的感觉，就会想要靠近想要了解，期待果真如此，这是人的天性，好奇会害死猫，但人类却总是会因为好奇而发现一片新天地，难道不是吗？

2. 图标是网站、软件设计不可避免的涉及元素

过去各个大公司在图标设计上都有自己不同的理解，微软的图标设计的原则是数位化，非真实生活中有的。虽然图标在页面、软件中的存在地位毋庸置疑，但是设计师还是希望降低图标对内容的干扰。设计师更注重图标形本身所能传达的含义，用户是否可以很直觉地了解图标形的含义。

> **小编分享**
>
> 永远不要低估一个伟大的应用程序图标的重要性，这是用户在下载你的应用程序（用户仅下载有趣的应用程序）之前看到的第一件事。

7.1 移动应用和图标

移动应用和图标可分为手机 App 应用和图标与移动 iPad 应用和图标两大类,下面将针对这两大类进行应用和图标的整体制作讲解,使读者了解图标和应用之间的关系。

实战 1 手机 App 应用和图标

设计思路:

本节中的实例是制作手机 App 应用和图标,前面先通过手机 App 图标的制作了解手机 App 图标的制作过程,后面制作手机 App 应用通过使用深橘色的背景使画面呈现出一种复古的色调效果。再结合图标的制作将其放置于应用中,使其前后呼应以很好地向读者展现手机 App 应用和图标之间的关系。

● **设计规格:**

尺寸规格: 1536×2048(像素）
尺寸规格: 58×58(像素）
使用工具: 圆角矩形工具、矩形工具、椭圆工具
源 文 件: 第7章\Complete\手机App 图标.psd
　　　　　第7章\Complete\手机 App应用.psd
视频地址: 视频\第7章\手机App图标.swf
　　　　　视频\第7章\手机App应用.swf

● **设计色彩分析**
将画面调整成为深橘色色调,使其具有木纹复古的整体感觉。

（R105、G34、B0）　（R240、G174、B123）（R240、G174、B123）

方法1: 手机App图标

01 新建空白图像文件

执行"文件>新建"命令,在弹出的"新建"对话框中设置各项参数及选项,完成后单击"确定"按钮,新建空白图像文件。

02 制作画面背景

执行"文件>打开"命令,打开"背景.jpg"文件。拖曳到当前文件图像中,生成"图层1"。

03 制作背景的图案样式

选择"图层1",单击"添加图层样式"按钮 fx,选择"内阴影"选项并设置参数,选择"颜色叠加"选项并设置参数,制作图案样式。

04 制作背景的光感

新建"图层2",使用渐变工具,设置渐变颜色为白色到透明色的线性渐变。从画面左下角向右上角拖出渐变。并设置混合模式为"柔光"、"不透明度"为92%。

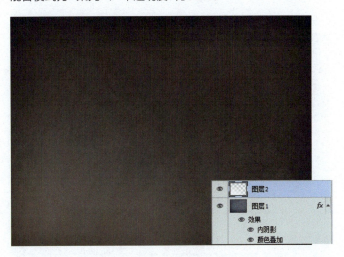

05 制作图标的底层

单击圆角矩形工具,在画面正中绘制图标得到"圆角矩形1",单击"添加图层样式"按钮 fx,选择"描边"选项并设置参数,选择"投影"选项并设置参数,制作图案样式。制作图标的底层。

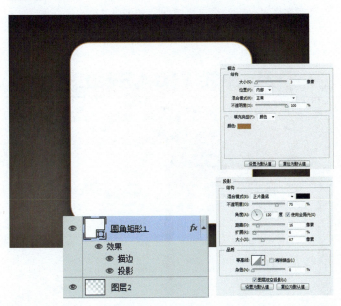

06 将木纹的图案样式嵌入图标的底层

执行"文件>打开"命令,打开"木纹.jpg"文件。拖曳到当前文件图像中,生成"图层3"。使用快捷键Ctrl+T变换图像大小,并将其放至于画面合适的位置。按住Alt键并单击鼠标左键,创建其图层剪贴蒙版。

07 制作木纹的图案样式嵌入图标的底层的色调

新建"图层4",设置前景色为橘红色,按快捷键Alt+Delete填充,设置混合模式为"叠加"、"不透明度"为55%。按住Alt键并单击鼠标左键,创建其图层剪贴蒙版。

08 继续图标的底层的图案样式

执行"文件>打开"命令,打开"木纹2.jpg"文件。拖曳到当前文件图像中,生成"图层3"。使用快捷键Ctrl+T变换图像大小,并将其放至于画面合适的位置。按住Alt键并单击鼠标左键,创建其图层剪贴蒙版。设置混合模式为"亮光"。

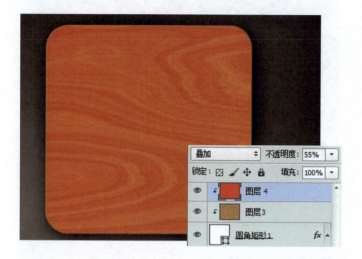

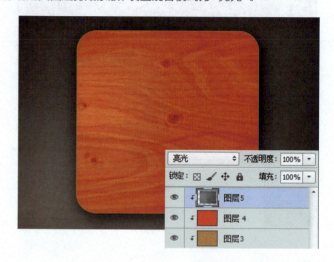

09 制作图标里的透视线

选择矩形工具,在画面中的图标上绘制矩形条,使用快捷键Ctrl+T变换图像大小,并将其放至于画面合适的位置。按住Shift键继续使用相同方法绘制相互交叉的矩形条,得到"形状1",单击"添加图层样式"按钮,选择"投影"选项并设置参数,制作图案样式。按住Alt键并单击鼠标左键,创建其图层剪贴蒙版。

10 制作图标

继续使用圆角矩形工具,在绘制的图案上方继续绘制圆角矩形,得到"圆角矩形2"。单击"添加图层样式"按钮,选择"描边"选项并设置参数,选择"颜色叠加"选项并设置参数,制作图案样式。设置其"不透明度"为55%。

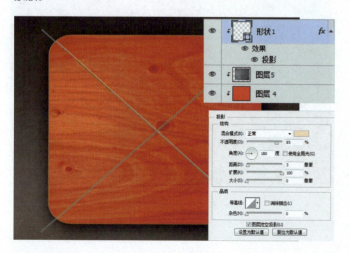

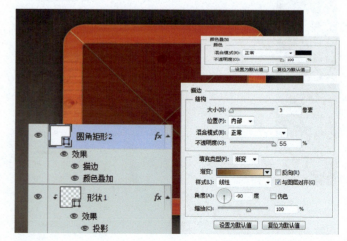

11 制作图标向内凹陷的样式

选择"圆角矩形2",按快捷键Ctrl+J复制得到"圆角矩形2副本",更改其"不透明度"为100%,"填色"为棕红色。删除其图层样式,并单击"添加图层样式"按钮 fx,选择"斜面和浮雕""内阴影"选项并设置参数,制作图案样式。

12 绘制图标内的相机图标底层

继续使用圆角矩形工具,在绘制的图案上方继续绘制圆角矩形,得到"圆角矩形3"。将其"填色"为深灰色,并单击"添加图层样式"按钮 fx,选择"投影""渐变叠加""内阴影"选项并设置参数,制作图案样式。

13 继续制作图标里面相机图标的底部样式

选择"圆角矩形3",按快捷键Ctrl+J复制得到"圆角矩形3副本",使用快捷键Ctrl+T变换图像透视,并将其放至于画面合适的位置。按住Alt键并单击鼠标左键,创建其图层剪贴蒙版。在其"图层"面板中将其"填充"改为0%。

14 继续使用相同的方法制作图标的底部样式

继续使用圆角矩形工具,在绘制的图案上方继续绘制圆角矩形得到"圆角矩形4",单击"添加图层样式"按钮 fx,选择"斜面和浮雕"选项并设置参数。按快捷键Ctrl+J复制得到"圆角矩形4副本",单击"添加图层样式"按钮 fx,选择"内阴影""内发光"选项并设置参数。并依次在其"图层"面板中将其"填充"改为0%。

15 制作图标里面相机图标上的图案及样式

继续使用圆角矩形工具,在绘制的图案上方继续绘制圆角矩形得到"圆角矩形5",单击"添加图层样式"按钮,选择"投影"选项并设置参数。按快捷键Ctrl+J复制得到"圆角矩形5副本",单击"添加图层样式"按钮,选择"内阴影""渐变叠加"选项并设置参数。

16 绘制圆形图标样式

使用椭圆工具,在其属性栏中设置其需要的属性。并在图标上绘制"椭圆1",单击"添加图层样式"按钮,选择"描边""内阴影""渐变叠加""投影"选项并设置参数。继续绘制"椭圆2",单击"添加图层样式"按钮,选择"内发光""渐变叠加"选项并设置参数,继续在其属性栏上设置需要的属性绘制"椭圆3"。

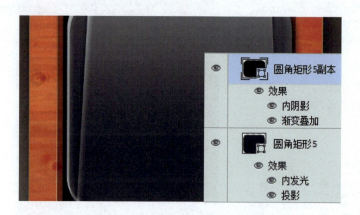

17 创建"渐变叠加1""色相/饱和度1",调整图层的色调

单击"创建新的填充或调整图层"按钮,在弹出的菜单中选择"渐变叠加"选项设置参数。按住Alt键并单击鼠标左键,创建其图层剪贴蒙版。单击"创建新的填充或调整图层"按钮,在弹出的菜单中选择"色相/饱和度"选项并设置参数,单击图框中"此调整影响到下面的所有图层"按钮,创建其图层剪贴蒙版,调整图层的色调。

18 继续制作图标里面相机图标上的细节图案及样式

继续使用椭圆工具,在其属性栏中设置其需要的属性。并在图标上绘制"椭圆4",设置混合模式为"颜色加深",并在其"图层"面板中设置其"填充"为15%。按快捷键Ctrl+J复制得到"椭圆4副本",使用快捷键Ctrl+T变换图像大小,并将其放至于画面合适的位置。

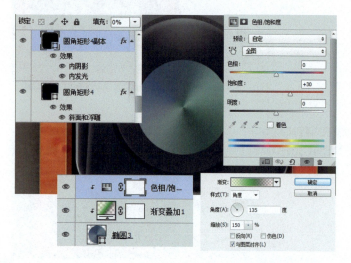

第 7 章 玩转图标应用

19 继续制作图标里面相机图标上的细节图案及样式
继续使用椭圆工具，在其属性栏中设置其需要的属性。并在图标上绘制"椭圆5"，单击"添加图层样式"按钮，"内发光"选择"描边""内阴影""渐变叠加"选项并设置参数，制作图案样式。

20 制作图标里面相机图标上的光感细节
使用矩形工具和椭圆工具，在其属性栏中设置其需要的属性。并在图标上绘制相机上的光感，得到"形状2"，在其"图层"面板中将其"填充"改为50%。继续使用椭圆工具，在其属性栏中设置其需要的属性。并在图标上绘制"椭圆6"，单击"添加图层样式"按钮，选择"渐变叠加""投影"选项并设置参数，制作图案样式。设置混合模式为"颜色加深"、"填充"为30%。

21 将绘制的相机嵌入图标内并制作其图案样式
将所有绘制的相机图层，按快捷键Ctrl+G新建"组1"，按快捷键Ctrl+J复制得到"组1副本"，将其合并移至"组1"下方，单击"添加图层样式"按钮，选择"图案叠加"选项并设置参数，制作图案样式。按住Alt键并单击鼠标左键，创建其图层剪贴蒙版。并关闭"组1"图层的可见性。

22 将手机App图标制作完成
新建"图层6"，使用渐变工具，设置渐变颜色为白色到透明色的线性渐变。从画面左下角向右上角拖出渐变并设置混合模式为"柔光"。依次单击"创建新的填充或调整图层"按钮，在弹出的菜单中选择"亮度/对比度""色相/饱和度""通道混合器"选项并设置参数，调整画面的色调。至此，本实例制作完成。

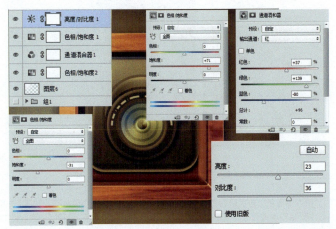

方法2：手机App应用

01 新建空白图像文件
执行"文件>新建"命令，在弹出的"新建"对话框中设置各项参数及选项，完成后单击"确定"按钮，新建空白图像文件，得到"背景"图层。

02 制作画面木纹背景
打开"木纹3.jpg"文件。拖曳到当前文件图像中，生成"图层1"，新建"图层2"，将其填充为橘灰色，设置混合模式为"正片叠底"、"不透明度"为76%。

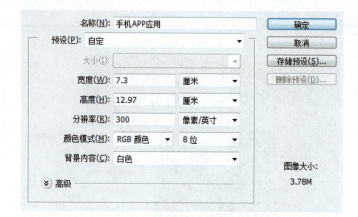

03 制作背景上的渐变效果
新建"图层3"，使用渐变工具，设置渐变颜色为橘灰色到透明色的线性渐变，并在图层上从上到下拖出渐变，设置混合模式为"叠加"、"不透明度"为45%。新建"图层4"，继续使用渐变工具，设置渐变颜色为亮橘色到透明色的线性渐变，并在图层上从上到下拖出渐变，设置其"不透明度"为58%。

04 调整背景色调
单击"创建新的填充或调整图层"按钮，在弹出的菜单中选择"色相/饱和度"选项并设置参数，调整画面的色调。

技巧点拨：色相/饱和度取色

使用色谱条上方的吸管工具，在图像中单击可以将中心色域移动到所单击的颜色区域。使用添加到取样工具，可以扩展目前的色域范围到所单击的颜色区域。从取样减去工具则和添加到取样工具的作用相反。使用添加到取样工具时，可以在图像中按住拖动以观察中心区域改变的效果。

05 绘制手机界面上面的矩形提示条

新建"图层5",使用矩形选框工具在手机界面上方绘制条状矩形,设置前景色为黑色,按快捷键Alt+Delete,填充矩形条为黑色。按快捷键Ctrl+D取消选区。

06 制作手机上方矩形条上的小图标

使用自定形状工具,设置前景色为白色,在其属性栏中选择需要的形状,得到"形状1""形状2",并依次使用快捷键Ctrl+T变换图像大小,将其放至于绘制的矩形条上方合适的位置。新建"图层6",使用矩形选框工具在画面上绘制信号图标的形状,将其填充为白色,按快捷键Ctrl+D取消选区,并将其放至于绘制的矩形条上方合适的位置。

07 制作手机上方矩形条上的提示文字

单击横排文字工具,设置前景色为白色,输入所需文字,双击文字图层,在其属性栏中设置文字的字体样式及大小,并将其放至于绘制的矩形条上方合适的位置。

08 制作手机界面下方的透视小界面

新建"图层7",使用矩形选框工具在画面下方绘制矩形并填充颜色,单击"添加图层蒙版"按钮,单击画笔工具,选择柔角画笔并适当调整大小及透明度,在蒙版上把不需要的部分加以涂抹。打开"05.png"文件。拖曳到当前文件图像中,生成"图层8",按住Alt键并单击鼠标左键,创建其图层剪贴蒙版。选择"图层3",按快捷键Ctrl+J复制得到"图层3副本",将其移至图层上方,按住Alt键并单击鼠标左键,创建其图层剪贴蒙版,并更改混合模式为"正片叠底"、"不透明度"为76%。

09 将手机界面下方的小界面制作完整

新建"图层9",设置前景色为棕红色,单击画笔工具,选择柔角画笔并适当调整大小及透明度,在图层中间适当涂抹,设置混合模式为"正片叠底"、"不透明度"为19%。单击矩形工具在界面的最底层绘制矩形,并在其属性栏中设置其"填充"为黑色到棕色的线性渐变。单击"添加图层样式"按钮,选择"斜面和浮雕"选项并设置参数,制作图案样式。

10 制作手机界面上的图标

使用和前面制作手机App图标相同的方法制作图标,并将制作的图标图层依次合并得到图标的png格式,将其依次打开拖曳到当前文件图像中,生成"图层10"到"图层21",并在每个图层上使用快捷键Ctrl+T变换图像大小,将其放至于手机界面上合适的位置,并依次将其排列到画面合适的位置上。

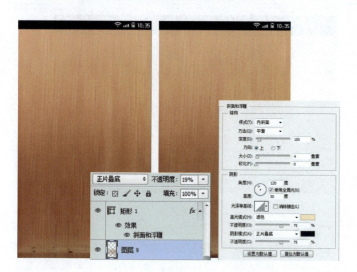

11 制作手机界面上的图标的图层样式

按住Shift键并选择"图层10"到"图层21",按快捷键Ctrl+G新建"组1",单击"添加图层样式"按钮,选择"投影"选项并设置参数,制作图标的图案样式。

12 制作手机界面上图标下方的文字及图案样式

单击横排文字工具,设置前景色为白色,输入所需文字,并将其放至于画面合适的位置。将所有文字图层按快捷键Ctrl+G新建"组2",单击"添加图层样式"按钮,选择"投影"选项并设置参数,制作图标的图案样式。

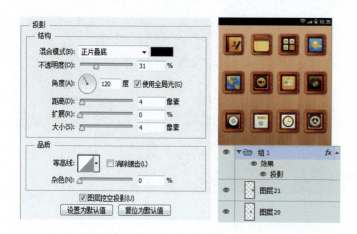

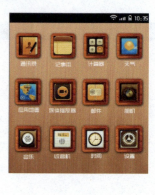

13 制作手机界面的页面按钮

使用圆角矩形工具，在其属性栏中设置其"填充"为白色，"描边"为黑色，大小为0.5点的实线。在界面中间绘制"圆角矩形1"，设置其"不透明度"为25%。连续按快捷键Ctrl+J复制得到多个"圆角矩形1副本"，并使用移动工具，将其向右轻移一定的位置。

14 继续制作手机界面的页面按钮

继续选择"圆角矩形1"，按快捷键Ctrl+J复制得到"圆角矩形1副本4"，将其移至图层上方，并更改其属性栏中设置其"填充"为无，"描边"为白色，大小为2点的实线。使用移动工具，将其移至页面按钮的中间，更改其"不透明度"为100%。

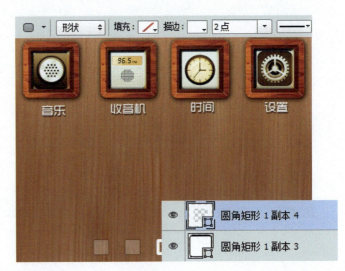

15 制作手机界面上的图标

使用和前面制作手机App图标相同的方法制作图标，并将制作的图标图层依次合并得到图标的png格式，将其依次打开拖曳到当前文件图像中，生成"图层23"到"图层26"，并在每个图层上使用快捷键Ctrl+T变换图像大小，将其放至于手机界面上合适的位置，并依次将其排列到画面合适的位置上。

16 将画面制作完成

按住Shift键并选择"图层23"到"图层26"，按快捷键Ctrl+G新建"组3"，单击"添加图层样式"按钮，选择"投影"选项并设置参数，制作图标的图案样式。至此，本实例制作完成。

设计小结

1. 在进行相同操作的图层时，可将其先进行编组再进行设置。
2. 单击"创建新的填充或调整图层"按钮，在弹出的菜单中选择"色相/饱和度"选项并设置参数，调整画面的色调。

实战 2 苹果手机 App 应用和图标

设计思路：

本节中的实例是制作苹果手机 App 应用和图标，前面先通过苹果手机 App 图标的制作了解苹果手机 App 图标的制作过程，后面制作苹果手机 App 应用通过使用黄灰的背景使画面呈现出一种时尚大气的色调效果。再结合图标的制作将其放置于应用中，使其前后呼应以很好地向读者展现苹果手机 App 应用和图标之间的关系。

● **设计规格：**
尺寸规格：1024×1535（像素）
使用工具：钢笔工具、矩形工具、椭圆工具、文字工具、自定义形状工具
源 文 件：第7章\Complete\苹果手机App图标.psd
　　　　　第7章\Complete\苹果手机App应用.psd
视频地址：视频\第7章\苹果手机App图标.swf
　　　　　视频\第7章\苹果手机App应用.swf

● **设计色彩分析**
通过使用黄灰的背景使画面呈现出一种可爱童趣的色调效果。

（R83、G50、B38）　（R210、G207、B198）　（R194、G161、B101）

方法1：苹果手机App图标

01 新建空白图像文件
执行"文件>新建"命令，在弹出的"新建"对话框中设置各项参数及选项，完成后单击"确定"按钮，新建空白图像文件。

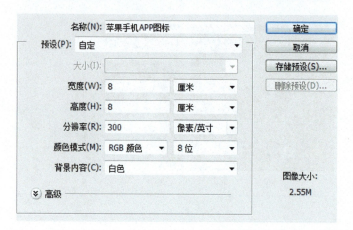

02 制作背景颜色
新建"图层1"，设置前景色为深灰色，按快捷键Alt+Delete，填充背景色为深灰色。

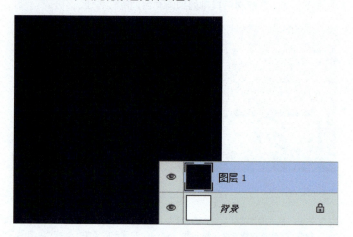

03 在界面上绘制圆角矩形图标

单击圆角矩形工具,在其属性栏中设置其"填充"为黄色,"描边"为无,在界面上绘制圆角矩形,得到"圆角矩形1",单击"添加图层样式"按钮,选择"斜面和浮雕"选项并设置参数,制作图案样式。

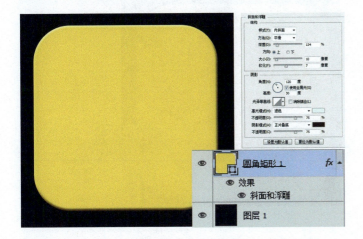

04 绘制图标上的图形并制作其图层样式

新建"图层2",单击钢笔工具,在其属性栏中设置其属性为"路径",绘制图标上的形状。创建选区,将其填充为橘色,单击"添加图层样式"按钮,选择"斜面和浮雕"选项并设置参数,选择"投影"选项并设置参数,制作图案样式。

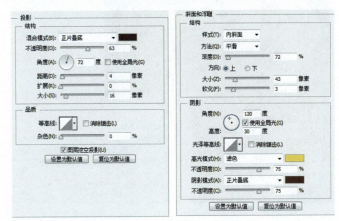

05 继续制作图形图层样式并创建其剪贴蒙版

继续选择"图层2",单击"添加图层样式"按钮,选择"图案叠加"选项并设置参数,制作图案样式。按住Alt键并单击鼠标左键,创建其图层剪贴蒙版。

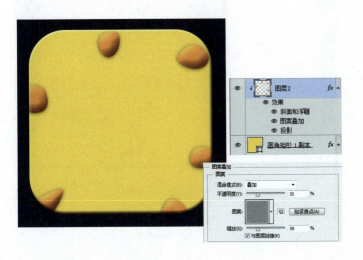

06 继续绘制图标上的图形并制作其图层样式

新建"图层3",单击钢笔工具,在其属性栏中设置其属性为"路径",绘制图标上的形状。创建选区,将其填充为橘色,单击"添加图层样式"按钮,选择"斜面和浮雕"选项并设置参数,选择"投影"选项并设置参数,制作图案样式。

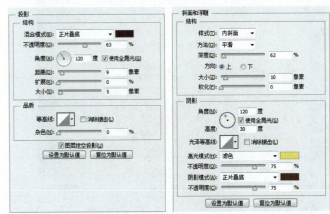

07 继续制作图形图层样式并创建其剪贴蒙版

继续选择"图层3",单击"添加图层样式"按钮，选择"图案叠加"选项并设置参数,制作图案样式。按住Alt键并单击鼠标左键,创建其图层剪贴蒙版。

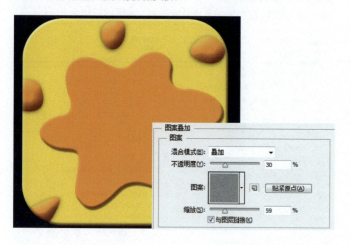

08 添加蒙版制作中间图形的形状

在"图层3"上单击"添加图层蒙版"按钮，在蒙版上使用钢笔工具，绘制出需要的路径。创建选区,将其填充为黑色,完成后按快捷键Ctrl+D取消选区。

09 继续制作图标上的卡通立体图形

选择"图层3",按快捷键Ctrl+J复制得到"图层3副本",将其复制得到的图层的"投影"图层样式删除。在其"图层"面板上设置其"不透明度"为74%。

10 制作图标上卡通图形上的嘴巴

新建"图层4",使用钢笔工具，绘制出需要的路径并创建选区,将其填充为深橘色。并制作其"斜面和浮雕""图案叠加"图层样式,制作出卡通图案上的嘴巴。

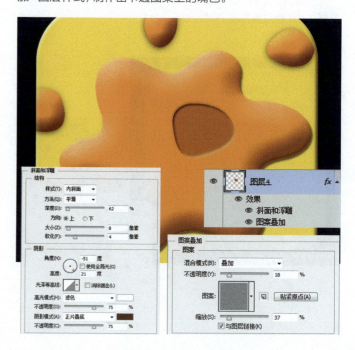

11 制作卡通形象嘴巴里的投影

新建"图层5",设置前景色为深橘色,单击画笔工具,选择柔角画笔并适当调整大小及透明度,在卡通形象的嘴部绘制投影。按住Alt键并单击鼠标左键,创建其图层剪贴蒙版。设置混合模式为"正片叠底"、"不透明度"为62%。

12 绘制卡通形象的眼睛

使用椭圆工具,在其属性栏中设置其"填充"为亮灰色,"描边"为无,在图标上合适的位置绘制卡通形象的眼睛形状,得到"椭圆1"。单击"添加图层样式"按钮,选择"斜面和浮雕""投影"选项并设置参数,制作图案样式。

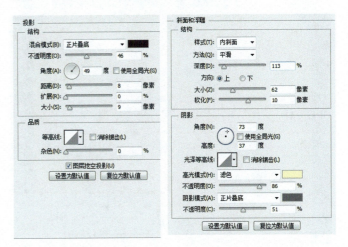

13 制作卡通形象嘴巴里的投影

继续选择"椭圆1",单击"添加图层样式"按钮,选择"图案叠加"选项并设置参数,制作图案样式。

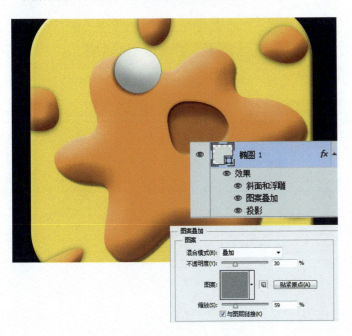

14 继续制作图形上的眼睛

选择"椭圆1",按快捷键Ctrl+J复制得到"椭圆1副本",并将其移至绘制的图标上合适的位置。

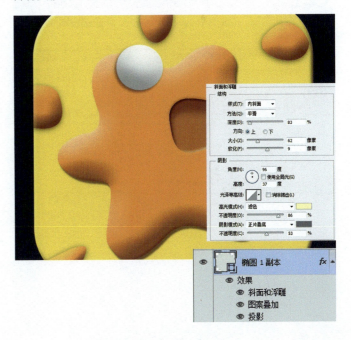

15 绘制卡通图案的眼睛

新建"图层6",设置前景色为黑色,单击画笔工具,选择柔角画笔并适当调整大小,在画面上绘制卡通图案的眼睛,制作出生动的卡通形象。

16 将画面制作完成

单击"创建新的填充或调整图层"按钮,在弹出的菜单中选择"色相/饱和度"选项并设置参数,单击"创建新的填充或调整图层"按钮,在弹出的菜单中选择"图案叠加"选项并设置参数。至此,本实例制作完成。

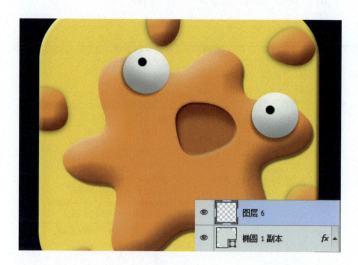

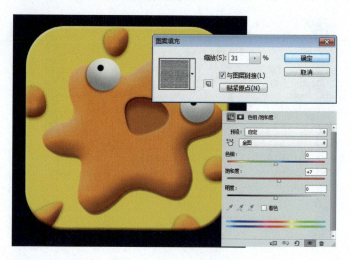

方法2:苹果手机App应用

01 新建空白图像文件

执行"文件>新建"命令,在弹出的"新建"对话框中设置各项参数及选项,完成后单击"确定"按钮,新建空白图像文件。

02 制作界面的背景

新建"图层1",设置前景色为黄灰色(R248、G224、B159),按快捷键Alt+Delete,填充背景色为黄灰色。

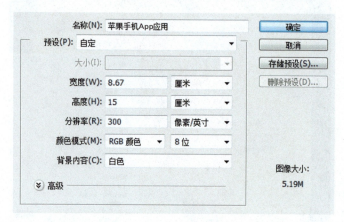

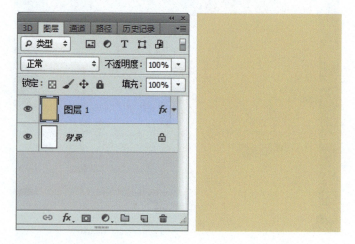

03 制作背景的图层样式

选择"图层1",单击"添加图层样式"按钮 fx.,选择"图案叠加"选项并设置参数,制作图案样式。

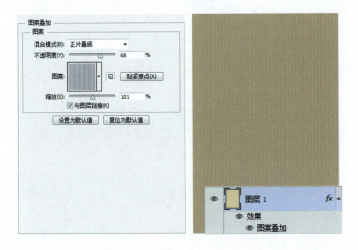

04 创建"亮度/对比度1",调整画面的色调

单击"创建新的填充或调整图层"按钮,在弹出的菜单中选择"亮度/对比度"选项并设置参数,调整画面的色调。

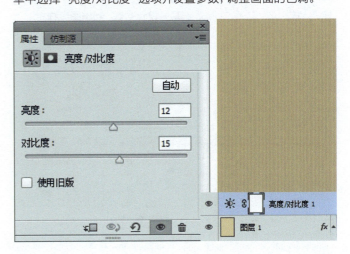

05 制作界面上方的图案

单击钢笔工具,在其属性栏中设置其属性为"形状","填色"为白色,在界面上方绘制需要的图形,得到"形状1"。制作界面上方的图案。

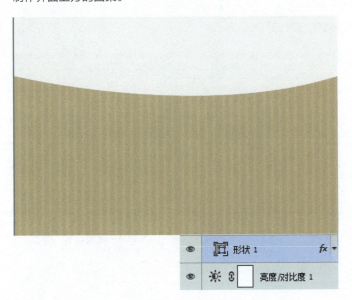

06 制作界面上方的图案的图案样式

选择"形状1",单击"添加图层样式"按钮 fx.,选择"图案叠加"选项并设置参数,制作界面上方的图案的图案样式。

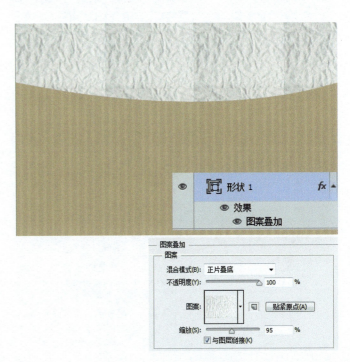

07 继续制作界面上方的图案及样式

选择"形状1",按快捷键Ctrl+J复制得到"形状1副本",并适当地更改提亮其"填色"。选择"形状1副本"单击"添加图层样式"按钮,选择"描边"选项并设置参数,制作图案样式。

08 制作下拉菜单图案下方绘制需要的下拉图标底图

使用钢笔工具,在其属性栏中设置其属性为"形状","填色"为淡蓝色。在绘制好的下拉菜单图案下方绘制需要的下拉图标底图,得到"形状2"。

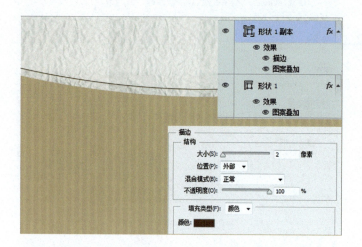

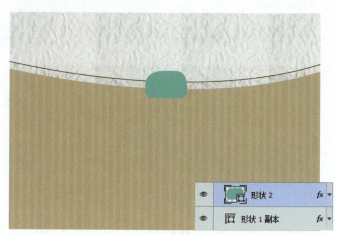

09 制作下拉图标的图层样式

选择"形状2",单击"添加图层样式"按钮,选择"描边"选项并设置参数,制作图案样式。单击"添加图层样式"按钮,选择"图案叠加"选项并设置参数,制作图案样式。

10 在绘制好的下拉图标上绘制下拉的图案

继续使用钢笔工具,在其属性栏中设置其属性为"形状","填色"为白色,在绘制好的下拉图标上绘制下拉的图案,得到"形状3"。

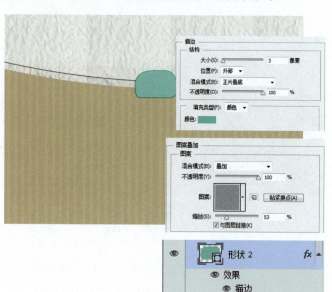

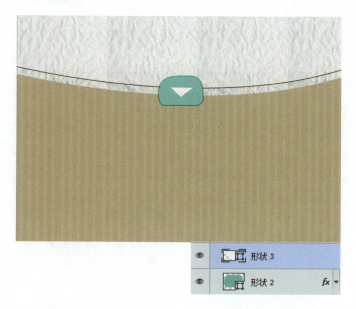

11 将其下拉菜单的所有图形编组并制作其投影

按住Shift键并选择"形状1"到"形状3",按快捷键Ctrl+G新建"组1"。单击"添加图层样式"按钮 fx,选择"投影"选项并设置参数,制作图案样式。

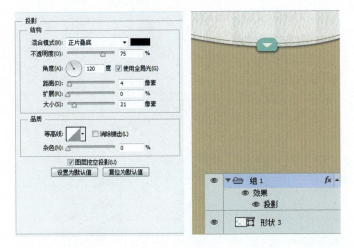

12 绘制界面下方的菜单栏

继续使用钢笔工具,在其属性栏中设置其属性为"形状","填色"为蓝色。在绘制界面下方绘制需要的菜单栏,得到"形状4"。

13 制作界面下方的菜单栏的样式

选择"形状4",单击"添加图层样式"按钮 fx,选择"图案叠加"选项并设置参数,制作图案样式。

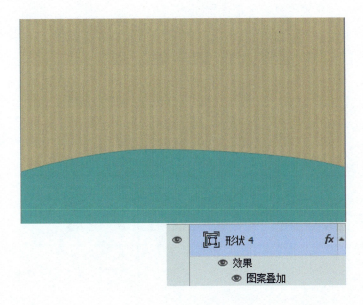

14 继续制作界面下方的图案及样式

选择"形状4",按快捷键Ctrl+J复制得到"形状4副本",并适当地更改提亮其"填色"。选择"形状4副本",单击"添加图层样式"按钮 fx,选择"描边"选项并设置参数,制作图案样式。

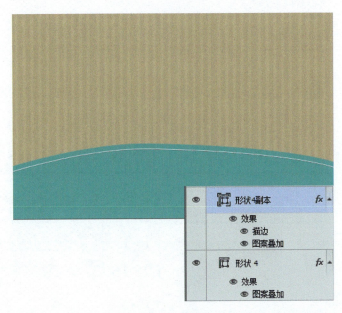

15 制作界面下方的图案分隔线

新建"图层2",设置前景色为亮灰色,单击画笔工具,选择尖角画笔并适当调整大小及透明度,绘制的时候按住Shift键,在界面下方的图案上绘制需要的图案分隔线。

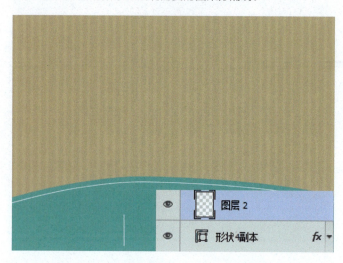

16 制作界面下方的图标

执行"文件>打开"命令,打开"01.png"文件。拖曳到当前文件图像中,生成"图层3",使用快捷键Ctrl+T变换图像大小,并将其放至于界面下方合适的位置,制作界面下方的图标。

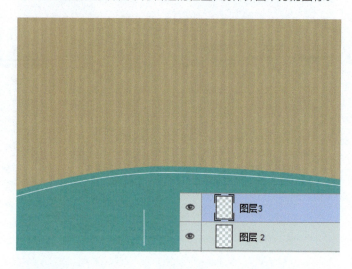

17 继续制作界面下方的图标

执行"文件>打开"命令,打开"02.png"和"03.png"文件。拖曳到当前文件图像中,生成"图层4"和"图层5",使用快捷键Ctrl+T变换图像大小,并将其放至于界面下方合适的位置,制作界面下方的图标。

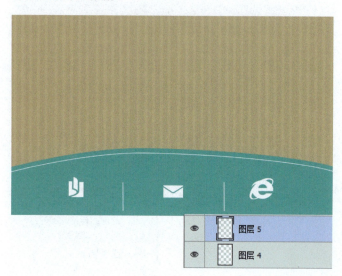

18 制作界面下方的云朵提示图标

新建"图层6",单击钢笔工具,在其属性栏中设置其属性为"路径",在界面下方绘制需要的云朵图标,并创建选区,将其填充为白色,然后按快捷键Ctrl+D取消选区。

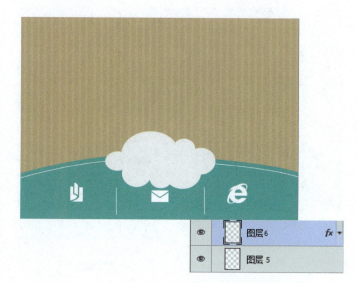

19 制作界面下方云朵提示图标上的图层样式

选择"图层6",单击"添加图层样式"按钮 fx.,选择"外发光""投影"选项并设置参数,制作图案样式。

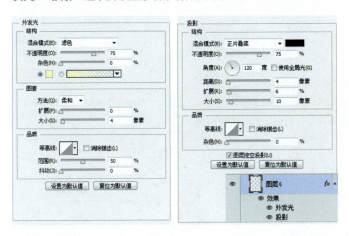

20 将其图层编组

按住Shift键并选择"形状4"到"图层6",按快捷键Ctrl+G新建"组2"。

21 制作界面下方提示栏上的投影

选择"组2",单击"添加图层样式"按钮 fx.,选择"投影"选项并设置参数,制作图案样式。

22 制作需要的页面透视形状

单击钢笔工具,在其属性栏中设置其属性为"形状","填色"为白色,在界面中间左边合适的位置绘制需要的页面透视形状,得到"形状5"。

23 继续制需要的页面透视形状

单击钢笔工具，在其属性栏中设置其属性为"形状"，"填色"为亮灰色，在界面中间合适的位置绘制需要的页面形状，得到"形状6"。继续使用钢笔工具，设置"填色"为白色，在界面中间合适的位置绘制需要的页面，得到"形状7"。

24 制作页面上的透视效果

选择"形状7"，单击"添加图层样式"按钮，选择"投影"选项并设置参数，制作图案样式。

25 打开素材继续制作界面上的翻页

打开"04.png"文件。拖曳到当前文件图像中，生成"图层7"，使用快捷键Ctrl+T变换图像大小，并将其放至于画面合适的位置。

26 继续打开素材制作界面上的翻页

打开"05.png"文件。拖曳到当前文件图像中，生成"图层8"，使用快捷键Ctrl+T变换图像大小，并将其放至于画面合适的位置。

27 继续打开素材制作界面上的翻页

打开"06.png"文件。拖曳到当前文件图像中，生成"图层9"，使用快捷键Ctrl+T变换图像大小，并将其放至于画面合适的位置。

28 制作界面上方的文字

单击横排文字工具 T，设置前景色为白色，输入所需文字，双击文字图层，在其属性栏中设置文字的字体样式及大小，将其放置于界面上方合适的位置。

29 制作界面上方的文字

单击横排文字工具 T，设置前景色为棕红色，输入所需文字，双击文字图层，在其属性栏中设置文字的字体样式及大小，将其放置于界面上方合适的位置。

30 制作界面下方的文字

单击横排文字工具 T，设置前景色为棕色，输入所需文字，双击文字图层，在其属性栏中设置文字的字体样式及大小，将其放置于界面下方合适的位置。

31 继续制作界面下方的文字

单击横排文字工具，设置前景色为白色，输入所需文字，双击文字图层，在其属性栏中设置文字的字体样式及大小，将其放置于界面下方合适的位置。

32 制作界面上的机理效果

新建"图层10"，在其"图层"面板上设置其"填充"为0%。单击"添加图层样式"按钮，选择"图案叠加"选项并设置参数，制作图案样式，继续在其"图层"面板上设置其"不透明度"为47%。制作界面上的机理效果。

33 制作界面上方的手绘图标效果

新建"图层11"，设置前景色为深灰色，单击画笔工具，选择需要的画笔并适当调整大小及透明度，制作界面上方的手绘图标效果。

34 继续制作界面上方的手绘效果

新建"图层12"，设置前景色为棕色，单击画笔工具，选择需要的画笔并适当调整大小及透明度，制作界面上方的手绘效果。在其"图层"面板上设置其混合模式为"正片叠底"、"不透明度"为65%。

第 7 章 玩转图标应用

35 继续制作界面上方的手绘效果

新建"图层13",设置前景色为棕色,单击画笔工具，选择需要的画笔并适当调整大小及透明度,在其"图层"面板上设置其混合模式为"正片叠底",制作界面上方的手绘效果。

36 制作界面下方的手绘文字效果

新建"图层14",设置前景色为蓝色,单击画笔工具，选择需要的画笔并适当调整大小及透明度,制作界面下方的手绘文字效果。

37 制作界面下方的可爱形状

使用自定形状工具，在其属性栏中选择需要的形状,设置其"填充"为红色,"描边"为无,在界面下方的云朵提示栏下方绘制可爱形状,得到"形状8"。

38 将画面制作完成

单击"创建新的填充或调整图层"按钮，在弹出的菜单中选择"色相/饱和度"选项并设置参数,调整画面的色调。至此,本实例制作完成。

设计小结

1. 使用自定形状工具，在其属性栏中选择需要的形状,设置其"填充"和"描边",可以绘制需要的形状。
2. 新建图层,设置需要的前景色,单击画笔工具，选择需要的画笔并适当调整大小及透明度,制作界面上的文字。

实战 3 移动 iPad 应用和图标

设计思路：

　　本节中的实例是制作移动 iPad 应用和图标，前面先通过移动 iPad 图标的制作了解移动 iPad 图标的制作过程，后面制作移动 iPad 应用通过制作画面的分割使画面呈现出一种复古的色调效果。再结合图标的制作将其放置于应用中，使其前后呼应以很好地向读者展现移动 iPad 应用和图标之间的关系。

● **设计规格：**
尺寸规格：2048×1535（像素）
尺寸规格：58×58（像素）
使用工具：圆角矩形工具、矩形工具、文字工具
源 文 件：第7章\ Complete\移动iPad图标.psd
　　　　　第7章\ Complete\移动 iPad应用.psd
视频地址：视频\第7章\移动iPad图标.swf
　　　　　视频\第7章\移动iPad应用.swf

● **设计色彩分析**
将画面调整为深棕色调，使其具有复古的整体感觉，且能够让用户产生食欲。

（R240、G174、B123）　（R105、G34、B0）　（R190、G112、B61）

方法1：移动iPad图标

01 新建空白图像文件
执行"文件>新建"命令，在弹出的"新建"对话框中设置各项参数及选项，完成后单击"确定"按钮，新建空白图像文件。

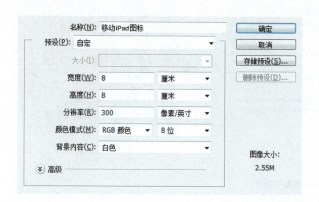

02 制作背景
双击"背景"图层将其转换为"图层0"，设置前景色为亮绿灰色（R94、G159、B147），按快捷键Alt+Delete，填充背景色为绿灰色。

03 制作背景图层的图案样式

单击"添加图层样式"按钮 fx.，选择"图案叠加"选项并设置参数，制作图案样式，制作背景图层的图案样式。

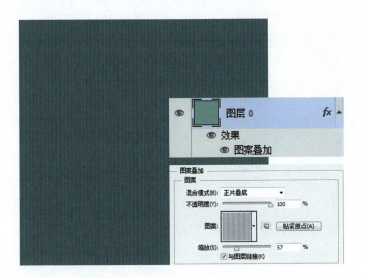

04 制作图标的底层

单击圆角矩形工具，在其属性栏中设置其"填充"为灰色，"描边"为无，在画面中间绘制圆角矩形，得到"圆角矩形1"，制作图标的底层。

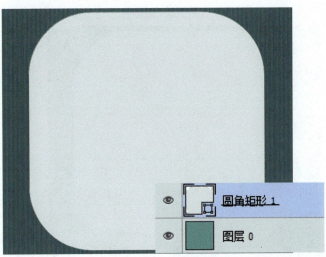

05 制作绘制好的图标底层的图案样式

选择绘制好的"圆角矩形1"，单击"添加图层样式"按钮 fx.，选择"图案叠加"选项并设置参数，制作图案样式，制作背景图层的图案样式。单击"添加图层样式"按钮 fx.，选择"颜色叠加"选项并设置参数，制作图案样式，制作背景图层的图案样式。

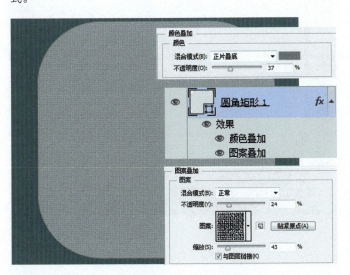

06 继续绘制图标底层的图案样式

继续选择绘制好的"圆角矩形1"，单击"添加图层样式"按钮 fx.，选择"投影"选项并设置参数，制作图案样式，制作背景图层的图案样式。

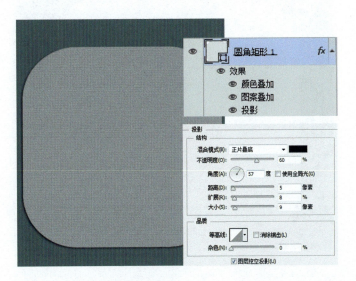

07 继续制作图标上的图形

选择"圆角矩形1",按快捷键Ctrl+J复制得到"圆角矩形1副本",设置前景色为白色,将其向上方适当移动一定的距离,并更改其属性栏中设置其"填充"为白色。

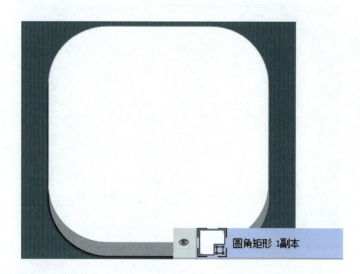

08 继续制作图标上的图形及样式

继续选择"圆角矩形1",按快捷键Ctrl+J复制得到"圆角矩形1副本2",将其移至图层上方,并将其图层样式删除后,单击"添加图层样式"按钮 fx.,选择"斜面和浮雕"选项并设置参数,制作图案样式。

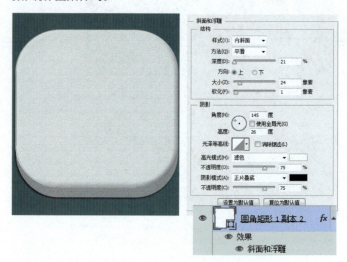

09 继续制作图标上的图形及样式

继续选择"圆角矩形1副本2",单击"添加图层样式"按钮 fx.,选择"图案叠加"选项并设置参数,制作图案样式。

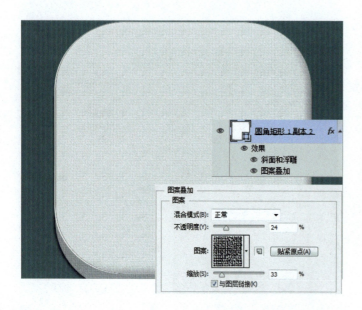

10 制作图标上的图样

回到"圆角矩形1",打开"01.jpg"文件。拖曳到当前文件图像中,生成"图层1",将其放至于画面合适的位置。按住Alt键并单击鼠标左键,创建其图层剪贴蒙版。

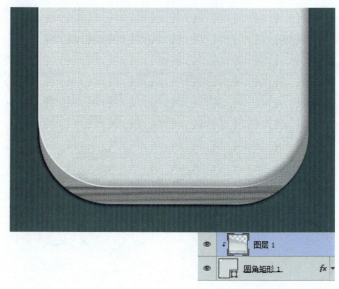

第 7 章 玩转图标应用

11 制作图标下方立体的效果
新建"图层2",设置前景色为黑色,单击画笔工具,选择柔角画笔并适当调整大小及透明度,在图标上把需要的部分加以涂抹。按住Alt键并单击鼠标左键,创建其图层剪贴蒙版。并设置混合模式为"变暗"、"不透明度"为75%。

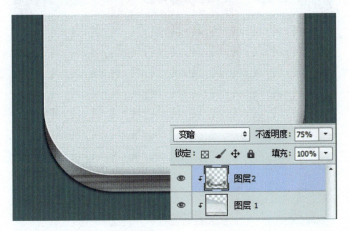

12 绘制图标下方立体的红色带子效果
单击钢笔工具,在其属性栏中设置其属性为"形状","填色"为深红色,在图标下方绘制立体的红色带子效果,增加图标下方的立体感。

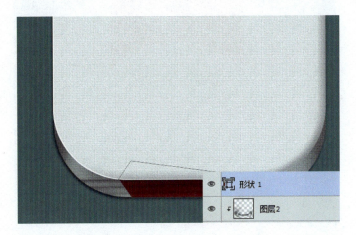

13 绘制图标上方的图形
重新回到"圆角矩形1副本2",继续单击钢笔工具,在其属性栏中设置其属性为"形状","填色"为红色,在图标上绘制其红色图形。

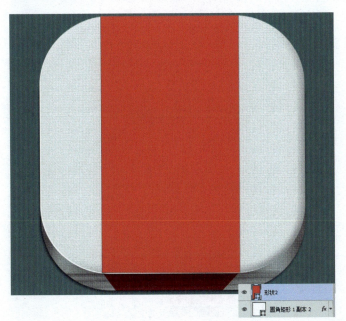

14 制作图标上的文字
单击横排文字工具,设置前景色为白色,输入所需文字,双击文字图层,在其属性栏中设置文字的字体样式及大小,将其放置于图标上合适的位置。

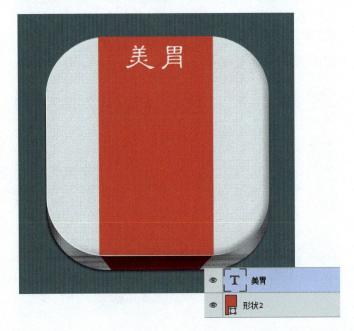

15 打开素材文件,制作图标上的物体

打开"盘子.png"文件。拖曳到当前文件图像中,生成"图层3",使用快捷键Ctrl+T变换图像大小,并将其放至于画面合适的位置。

16 制作图标上的物体的图层样式

选择"图层3",单击"添加图层样式"按钮 fx,选择"投影"选项并设置参数,制作图案样式。

17 绘制图标上的勺子

新建"图层4",单击钢笔工具,在其属性栏中设置其属性为"路径",在画面上绘制勺子的形状并创建选区,使用渐变工具,设置渐变颜色为灰色到黄灰色再到灰色到黄灰色的线性渐变,并在选区内拖出需要的渐变,完成后按快捷键Ctrl+D取消选区。

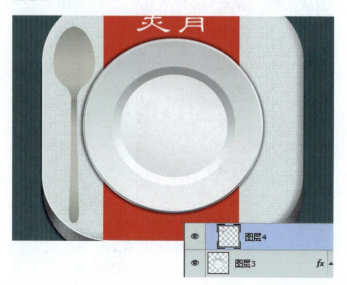

18 绘制图标上的勺子上的高光

新建"图层5",单击钢笔工具,在其属性栏中设置其属性为"路径",在画面上绘制勺子的高光并创建选区,将其填充为白色,完成后按快捷键Ctrl+D取消选区。

19 绘制图标上的勺子上的阴影

新建"图层6",单击钢笔工具,在其属性栏中设置其属性为"路径",在画面上绘制勺子的阴影并创建选区,将其填充为黑色,完成后按快捷键Ctrl+D取消选区。

20 绘制图标上的勺子上的反光

新建"图层7",单击钢笔工具,在画面上绘制勺子反光的形状,创建选区并使用渐变工具,设置渐变颜色为深黄灰色到深灰色再到深黄灰色的线性渐变,并在选区内拖出需要的渐变,完成后按快捷键Ctrl+D取消选区。

21 绘制图标上的勺子上的亮光

新建"图层8",单击钢笔工具,在画面上绘制勺子亮光的形状,设置前景色为白色,按快捷键Alt+Delete,填充选区色为白色,完成后按快捷键Ctrl+D取消选区。

22 将勺子的所有图层编组并制作其图层样式

按住Shift键并选择"图层4"到"图层8",按快捷键Ctrl+G新建"组1"。单击"添加图层样式"按钮,选择"投影"选项并设置参数,制作图案样式。

23 使用相同的方法制作图标上的叉子

使用相同的方法制作图标上的叉子，并将其编组为"组2"，选择图层单击鼠标右键选择"合并组"选项。继续单击鼠标右键选择"转化为智能对象"选项，转换为智能对象图层。

24 制作图标上的叉子图层样式

选择"组2"图层，单击"添加图层样式"按钮 fx.，选择"投影"选项并设置参数，制作图案样式。

25 制作图标上的文字

单击横排文字工具 T.，设置前景色为黑色，输入所需文字，双击文字图层，在其属性栏中设置文字的字体样式及大小，并将其放至于画面合适的位置。

26 将图标制作完成

单击"创建新的填充或调整图层"按钮 ◑.，在弹出的菜单中选择"色相/饱和度"选项并设置参数，调整画面的色调。至此，本实例制作完成。

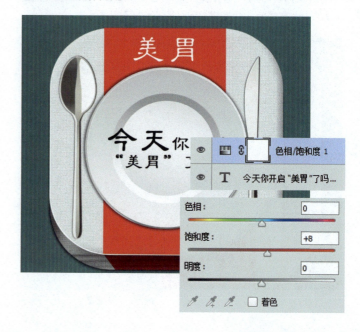

方法2：移动iPad应用

01 新建空白图像文件

执行"文件>新建"命令，在弹出的"新建"对话框中设置各项参数及选项，完成后单击"确定"按钮，新建空白图像文件，得到"背景"图层。

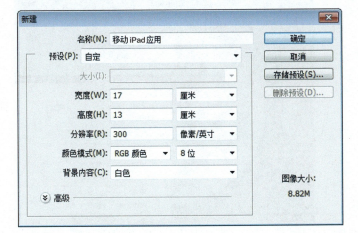

02 制作画面背景的颜色

设置前景色为黑色，按快捷键Alt+Delete，填充背景色为黑色。

03 制作其画面的分隔

单击圆角矩形工具，在其属性栏中设置其"填充"为白色，"描边"为无，在画面上绘制圆角矩形，得到"圆角矩形1"。

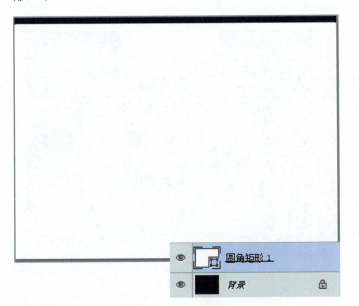

04 制作画面背景分隔中的图片

打开"02.jpg"文件。拖曳到当前文件图像中，生成"图层1"，使用快捷键Ctrl+T变换图像大小，并将其放至于画面合适的位置。按住Alt键并单击鼠标左键，创建其图层剪贴蒙版。

05 制作画面中的网页分隔效果

打开"纸张.png"文件。拖曳到当前文件图像中,生成"图层2",使用快捷键Ctrl+T变换图像大小,并将其放至于画面合适的位置。按住Alt键并单击鼠标左键,创建其图层剪贴蒙版。

06 制作其网页分隔的图层样式

选择"图层2",单击"添加图层样式"按钮 fx.,选择"投影"选项并设置参数,制作图案样式。

07 制作画面中的网页提示栏

打开"纸张2.png"文件。拖曳到当前文件图像中,生成"图层3",使用快捷键Ctrl+T变换图像大小,并将其放至于画面合适的位置。按住Alt键并单击鼠标左键,创建其图层剪贴蒙版。

08 继续制作画面中的网页分隔效果

选择"圆角矩形1",按快捷键Ctrl+J复制得到"圆角矩形1副本",将其移至图层上方,使用矩形工具 ▭,结合其形状属性栏的设置绘制,在其属性栏中选择其需要的形状,在画面上制作需要的图形。

09 制作画面上的提示栏

单击钢笔工具,在其属性栏中设置其属性为"形状","填色"为红色,在画面上合适的位置绘制需要的提示图案,得到"形状1"。

10 制作画面上的提示栏上的设置图标

打开"03.png"文件。拖曳到当前文件图像中,生成"图层4",使用快捷键Ctrl+T变换图像大小,并将其放至于画面合适的位置。

11 制作界面上提示栏上的透明图标

单击圆角矩形工具,在其属性栏中设置其"填充"为白色,"描边"为无,在界面右方的提示栏上绘制圆角矩形得到"圆角矩形2",并其"图层"面板上设置其"不透明度"为20%。制作界面上提示栏上的图标。

12 继续制作界面提示栏上的个人中心图标

新建"图层5",分别使用钢笔工具,在其属性栏中设置其属性为"路径",绘制出需要的图形并创建选区,将其填充为白色后,使用椭圆选框工具,在图标上绘制需要的图形,并将其填充为白色,完成后按快捷键Ctrl+D取消选区。

13 继续制作界面提示栏上的日历图标

新建"图层6",使用矩形选框工具在画面上合适的位置绘制需要的形状选区,设置前景色为白色,按快捷键Alt+Delete,填充选区内的颜色为白色。完成后,按快捷键Ctrl+D取消选区。

14 继续制作界面提示栏上的各种应用图标

依次打开"04.png"到"06.png"文件。拖曳到当前文件图像中,生成"图层7"到"图层9",使用快捷键Ctrl+T变换图像大小,并将其放至于画面合适的位置。

15 制作画面提示栏上的提示图标

打开"07.png"文件。拖曳到当前文件图像中,生成"图层10",使用快捷键Ctrl+T变换图像大小,并将其放至于画面合适的位置。

16 制作提示栏上的文字

单击横排文字工具,设置前景色为白色,输入所需文字,双击文字图层,在其属性栏中设置文字的字体样式及大小,将其放至于画面合适的位置。

17 绘制界面下的提示图标

单击圆角矩形工具 ▭，在其属性栏中设置其"填充"为白色,"描边"为无，在界面下方绘制圆角矩形，得到"圆角矩形3"。

18 制作提示图标下方的图案效果

选择"圆角矩形3"，单击"添加图层样式"按钮 fx，选择"投影"选项并设置参数，制作图案样式。

19 绘制界面下的提示图标文字

单击横排文字工具 T，设置前景色为红色，输入所需文字，双击文字图层，在其属性栏中设置文字的字体样式及大小，将其放至于画面合适的位置。

20 制作提示栏上的文字

单击横排文字工具 T，设置前景色为黑色，输入所需文字，双击文字图层，在其属性栏中设置文字的字体样式及大小，将其放至于画面合适的位置。

21 制作界面上的翻转按钮

使用椭圆工具 ⬭，在其属性栏中设置其"填充"为白色，"描边"为无，在界面下方绘制椭圆，得到"椭圆1"。

22 继续制作界面上的翻转按钮

选择"椭圆1"，按快捷键Ctrl+J复制得到"椭圆1副本"，将其向右移动一定距离并设置其"不透明度"为20%。

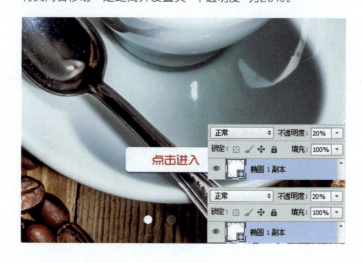

23 继续制作界面上的翻转按钮

选择"椭圆1副本"，按快捷键Ctrl+J复制得到"椭圆1副本2"，将其向右移动一定距离。

24 制作界面上的提示栏品牌文字

单击横排文字工具 T，设置前景色为白色，输入所需文字，双击文字图层，在其属性栏中设置文字的字体样式及大小，将其放置于界面上合适的位置。

25 继续制作界面上的提示栏时间文字

单击横排文字工具 T , 设置前景色为白色,输入所需文字,双击文字图层,在其属性栏中设置文字的字体样式及大小,将其放置于界面上合适的位置。

26 继续制作界面上的提示栏电量文字

单击横排文字工具 T , 设置前景色为白色,输入所需文字,双击文字图层,在其属性栏中设置文字的字体样式及大小,将其放置于界面上合适的位置。

27 制作界面上的提示栏上的图形

分别使用矩形工具 和钢笔工具 ,结合其形状属性栏的设置绘制,在其属性栏中选择其需要的形状,在画面上绘制需要的图形,得到"形状1",在其"图层"面板上设置其"填充"为75%。

28 制作界面上的提示栏上的图形样式

选择"形状1",单击"添加图层样式"按钮 fx ,选择"内阴影""内发光"选项并设置参数,制作图案样式。

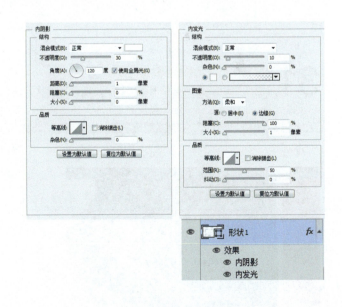

29 继续制作界面上的提示栏上的图形样式

继续单击"添加图层样式"按钮 fx,选择"外发光""投影"选项并设置参数,制作图案样式。

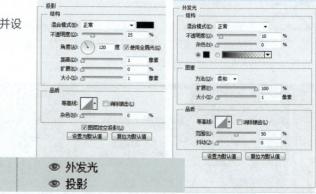

30 继续制作界面上的提示栏上的图形样式

继续单击"添加图层样式"按钮 fx,选择"渐变叠加"选项并设置参数,制作图案样式。

 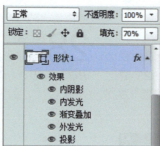 

31 继续制作界面上的提示栏上的图形

分别使用矩形工具和钢笔工具,结合其形状属性栏的设置绘制,在其属性栏中选择其需要的形状,在画面上绘制需要的图形,得到"形状2",在其"图层"面板上设置其"填充"为75%。

32 继续制作界面上的提示栏上的图形样式

选择"形状1",单击"添加图层样式"按钮 fx,选择"内阴影""内发光"选项并设置参数,制作图案样式。

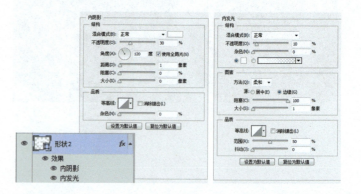

第 7 章 玩转图标应用

33 继续制作界面上的提示栏上的图形样式

继续单击"添加图层样式"按钮 fx，选择"外发光""投影"选项并设置参数，制作图案样式。

34 继续制作界面上的提示栏上的图形样式

继续单击"添加图层样式"按钮 fx，选择"渐变叠加"选项并设置参数，制作图案样式。

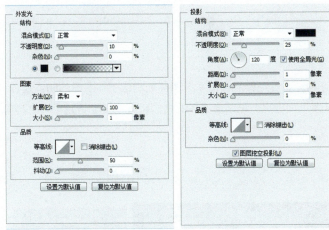

35 制作界面上的文字以及文字样式

单击横排文字工具 T，设置前景色为白色，输入所需文字，单击"添加图层样式"按钮 fx，选择"描边"选项并设置参数，制作图案样式。

36 将画面制作完成

继续选择刚才的文字图层，单击"添加图层样式"按钮 fx，选择"投影"选项并设置参数，制作图案样式。至此，本实例制作完成。

设计小结

1.单击"添加图层样式"按钮 fx，选择"描边"选项并设置参数，制作描边图案样式。
2.分别使用矩形工具和钢笔工具，结合其形状属性栏的设置绘制，在其属性栏中选择其需要的形状。

267

7.2 电脑桌面应用图标

电脑桌面应用图标的制作非常的复杂,下面将针对这类图标进行整体制作,使读者了解这类图标的制作和排版。

实战1 电脑桌面图标

设计思路：

本节中的实例是制作电脑桌面的系统图标和电脑桌面应用。前面先通过电脑桌面的系统图标的制作了解图标的制作过程,后面制作电脑桌面应用,通过使用深蓝的背景使制作的透明图标界面更加突出。再结合图标的制作将其放置于应用中,使其前后呼应以很好地向读者展现电脑桌面应用和图标之间的关系。

● **设计规格：**

尺寸规格：2048×1536（像素）
尺寸规格：58×58（像素）
使用工具：圆角矩形工具、矩形工具、文字工具
源文件：第7章\ Complete\电脑桌面的系统图标.psd
　　　　第7章\Complete\电脑桌面应用.psd
视频地址：视频\第7章\电脑桌面的系统图标.swf
　　　　　视频\第7章\电脑桌面应用.swf

● **设计色彩分析**
通过使用深蓝的背景使制作的透明图标界面更加突出。

（R1、G19、B37）　（R63、G111、B111）　（R30、G76、B87）

方法1：电脑桌面的系统图标

01 新建空白图像文件
执行"文件>新建"命令,在弹出的"新建"对话框中设置各项参数及选项,完成后单击"确定"按钮,新建空白图像文件。

02 制作背景
设置前景色为绿灰色（R63、G111、B111）,按快捷键Alt+Delete,填充背景色为绿灰色。

第 7 章 玩转图标应用

03 继续制作图标的背景

新建"图层1",分别使用矩形选框工具和椭圆选框工具,在画面上绘制图标的背景选区,设置前景色为白色,按快捷键Alt+Delete,填充选区为白色,然后按快捷键Ctrl+D取消选区,在其"图层"面板上设置其"填充"为10%。

04 继续制作图标的背景

选择"图层1",单击"添加图层蒙版"按钮,使用渐变工具,设置渐变颜色为黑色到透明色的线性渐变,并在图层蒙版上从四周向中间透出渐变。

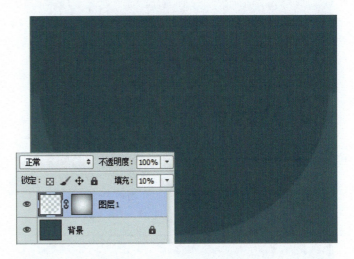

05 继续制作图标的背景

新建"图层2",按住Ctrl键并单击鼠标左键选择"图层1",得到"图层1"的选区,并设置前景色为墨绿色,按快捷键Alt+Delete,填充选区为墨绿色。使用快捷键Ctrl+T变换图像方向。

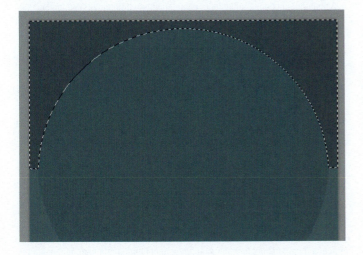

06 继续制作图标的背景

选择"图层2",按快捷键Ctrl+D取消选区,单击"添加图层蒙版"按钮,使用渐变工具,设置渐变颜色为黑色到透明色的线性渐变,并在图层蒙版上从四周向中间透出渐变。在其"图层"面板上设置其"填充"为44%。

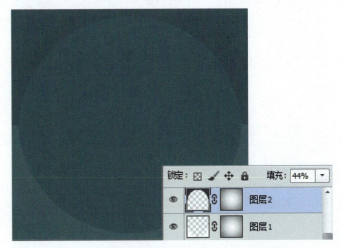

07 打开素材制作图标的大体样式

打开"图标.png"文件。拖曳到当前文件图像中,生成"图层3",使用快捷键Ctrl+T变换图像大小,并将其放至于画面中间合适的位置。

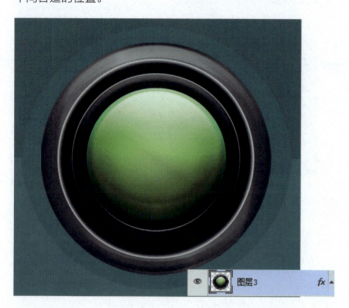

08 制作图标的图层样式

选择"图层3",单击"添加图层样式"按钮,选择"斜面和浮雕"选项并设置参数,制作图案样式。

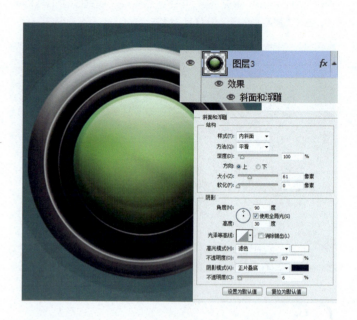

09 继续制作图标的图层样式

继续选择"图层3",单击"添加图层样式"按钮,选择"内发光"选项并设置参数,制作图案样式。单击"添加图层样式"按钮,选择"投影"选项并设置参数,制作图案样式。

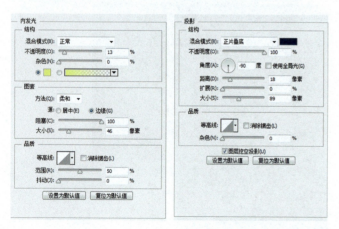

10 继续制作图标的图层样式

继续选择"图层3",单击"添加图层样式"按钮,选择"渐变叠加"选项并设置参数,制作图案样式。制作图标的图层样式。

11 绘制图标上的光感

新建"图层4",单击钢笔工具,在其属性栏中设置其属性为"路径",在图标上绘制需要的路径,并创建选区,将其选区填充为白色,在其"图层"面板上设置其"填充"为50%,混合模式为"柔光"。

12 绘制图标光感上的高光

新建"图层4",单击画笔工具,选择尖角笔刷,设置"大小"为3像素,设置前景色为白色。然后单击钢笔工具在图像上绘制曲线路径,绘制完成后单击鼠标右键,在弹出的菜单中选择"描边路径"选项,弹出"描边路径"对话框,设置"工具"为"画笔",单击"确定"按钮,为路径添加黑色描边,然后按快捷键Ctrl+H隐藏路径,在其"图层"面板上设置其"填充"为10%。

13 制作图标的机理

打开"01.png"文件。拖曳到当前文件图像中,生成"图层6",使用快捷键Ctrl+T变换图像大小,并将其放至于画面合适的位置。在其"图层"面板上设置其混合模式为"叠加"、"不透明度"为40%。

14 绘制图标里的图形

使用自定形状工具,在其属性栏中选择需要的形状,在其属性栏中设置其"填充"为绿色,"描边"为无,在图标上绘制需要的形状,得到"形状1"。在其"图层"面板上设置其混合模式为"叠加"、"不透明度"为82%。

15 制作图标里的图形的图层样式

选择"形状1",单击"添加图层样式"按钮,选择"描边"选项并设置参数,制作图案样式。单击"添加图层样式"按钮,选择"投影"选项并设置参数,制作图案样式。

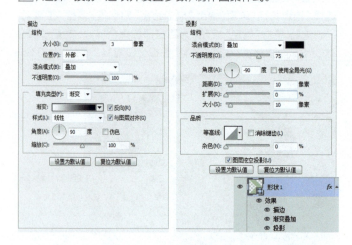

16 继续制作图标里的图形的图层样式

选择"形状1",单击"添加图层样式"按钮,选择"渐变叠加"选项并设置参数,制作图案样式。

17 继续制作图标上的图形

选择"形状1",按快捷键Ctrl+J复制得到"形状1副本",使用移动工具,将其向右移动到图标上合适的位置。更改其"填充"为白色。

18 将画面制作完成

单击"创建新的填充或调整图层"按钮,在弹出的菜单中选择"色相/饱和度"选项并设置参数,调整画面的色调。至此,本实例制作完成。

方法2：电脑桌面应用

01 新建空白图像文件
执行"文件>新建"命令，在弹出的"新建"对话框中设置各项参数及选项，完成后单击"确定"按钮，新建空白图像文件，得到"背景"图层。

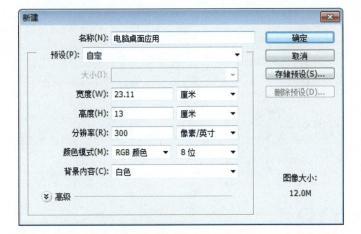

02 制作画面的背景
打开"背景.jpg"文件。拖曳到当前文件图像中，生成"图层1"，使用快捷键Ctrl+T变换图像大小，并将其放至于画面合适的位置。

03 制作电脑界面下方的矩形条
使用矩形工具，在其属性栏中设置其"填充"为蓝色，"描边"为无。在画面下方绘制矩形条，得到"矩形1"，在其"图层"面板上设置其"填充"为40%。

04 制作界面下方的矩形图层样式
选择"矩形1"，单击"添加图层样式"按钮，选择"描边"选项并设置参数，制作图案样式。单击"添加图层样式"按钮，选择"外发光"选项并设置参数，制作图案样式。

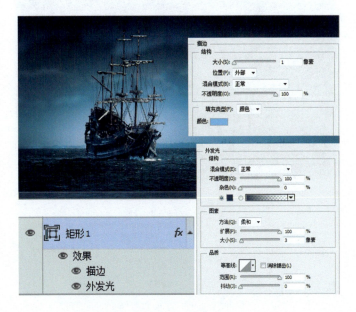

05 绘制界面下方的矩形条继续绘制矩形

继续使用矩形工具，在其属性栏中设置其"填充"为蓝色，"描边"为无。在画面下方继续绘制矩形，得到"矩形2"。

06 制作矩形条右下方的矩形的图层样式

选择"矩形2"，单击"添加图层样式"按钮，选择"描边"选项并设置参数，制作图案样式。

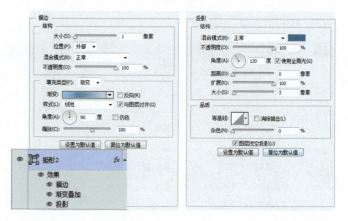

07 继续制作矩形条右下方的矩形的图层样式

继续选择"矩形2"，单击"添加图层样式"按钮，选择"渐变叠加"选项并设置参数，制作图案样式。

08 制作界面下方矩形条上的文字

单击横排文字工具，设置前景色为白色，输入所需文字，双击文字图层，在其属性栏中设置文字的字体样式及大小，将其放至于界面下方矩形条上合适的位置。

09 制作界面右下方的图标

打开"02.png"文件。拖曳到当前文件图像中,生成"图层1",使用快捷键Ctrl+T变换图像大小,并将其放置于界面右下方合适的位置。

10 制作界面左下方的图标

打开"03.png"文件。拖曳到当前文件图像中,生成"图层2",使用快捷键Ctrl+T变换图像大小,并将其放置于界面左下方合适的位置。

11 制作界面左下角的开始按钮

使用矩形工具,在其属性栏中设置其"填充"为深灰色,"描边"为无,在界面左下角合适的位置绘制矩形,得到"矩形3"。

12 制作界面左下角的开始按钮上的图案

打开"04.png"文件。拖曳到当前文件图像中,生成"图层3",使用快捷键Ctrl+T变换图像大小,并将其放置于界面左下方合适的位置。

13 制作开始图标上的光感
新建"图层4",设置前景色为白色,单击画笔工具,选择柔角画笔并适当调整大小及透明度,在图标上适当涂抹,制作开始图标上的光感。

14 制作界面左下角的矩形副框
使用矩形工具,在其属性栏中设置其"填充"为深灰色,"描边"为无,在界面左下角绘制矩形副框,得到"矩形4"。

15 制作界面左下角的矩形副框上的矩形
继续使用矩形工具,在其属性栏中设置其"填充"为灰色,"描边"为无,在界面左下角的矩形副框上绘制矩形,得到"矩形5"。

16 制作界面左下角的矩形副框上的图标
打开"05.png"文件。拖曳到当前文件图像中,生成"图层5",使用快捷键Ctrl+T变换图像大小,并将其放至于界面左下角合适的位置。

17 制作界面左下角的矩形副框上的文字及样式

单击横排文字工具，设置前景色为灰色，输入所需文字，双击文字图层，在其属性栏中设置文字的字体样式及大小，并将其放置于界面左下角合适的位置，单击"添加图层样式"按钮，选择"描边"选项并设置参数，制作图案样式。

18 继续制作界面左下角的矩形副框上的文字及样式

使用相同的方法单击横排文字工具，设置前景色为灰色，输入所需文字，双击文字图层，在其属性栏中设置文字的字体样式及大小，并将其放置于界面左下角合适的位置，单击"添加图层样式"按钮，选择"描边"选项并设置参数，制作图案样式。

19 制作界面右下角的提示图标

使用矩形工具，在其属性栏中设置其"填充"为黑色，"描边"为无，在界面右下角绘制矩形，得到"矩形6"，在其"图层"面板上设置其"填充"为82%。

20 制作界面右下角提示图标上的时间文字及样式

单击横排文字工具，设置前景色为白色，输入所需文字，并将其放置于界面右下角合适的位置，单击"添加图层样式"按钮，选择"描边"选项并设置参数，制作图案样式。

21 继续制作界面右下角的矩形框上的文字及样式

使用相同的方法单击横排文字工具，设置前景色为白色，输入所需文字，并将其放置于界面右下角合适的位置，单击"添加图层样式"按钮，选择"描边"选项并设置参数，制作图案样式。

22 制作界面左下角的矩形框上的图标

打开"06.png"文件。拖曳到当前文件图像中，生成"图层6"，使用快捷键Ctrl+T变换图像大小，并将其放置于界面左下角合适的位置。制作界面左下角的矩形框上的图标。

23 继续制作界面左下角的矩形副框上的文字及样式

单击横排文字工具，设置前景色为灰色，输入所需文字，双击文字图层，在其属性栏中设置文字的字体样式及大小，并将其放置于界面左下角合适的位置，单击"添加图层样式"按钮，选择"描边"选项并设置参数，制作图案样式。

24 制作界面上的应用底图标

使用矩形工具，在其属性栏中设置其"填充"为深灰色，"描边"为无，按住Shift键并绘制界面上的应用底图标，得到"矩形7"。

25 制作界面上的应用图标

打开"07.png"文件。拖曳到当前文件图像中,生成"图层7",使用快捷键Ctrl+T变换图像大小,并将其放至于画面合适的位置,按住Alt键并单击鼠标左键,创建其图层剪贴蒙版。

26 继续制作界面上的应用图标

打开"08.png"文件。拖曳到当前文件图像中,生成"图层8",使用快捷键Ctrl+T变换图像大小,并将其放至于画面合适的位置,按住Alt键并单击鼠标左键,创建其图层剪贴蒙版。

27 制作界面上的应用底图标

使用矩形工具 ,在其属性栏中设置其"填充"为绿色,"描边"为无,按住Shift键并绘制界面上的应用底图标,得到"矩形8"。

28 继续制作界面上的应用图标

打开"09.png"文件。拖曳到当前文件图像中,生成"图层9",使用快捷键Ctrl+T变换图像大小,并将其放至于画面合适的位置,按住Alt键并单击鼠标左键,创建其图层剪贴蒙版。

29 继续制作界面上的应用图标

打开"10.png"文件。拖曳到当前文件图像中,生成"图层10",使用快捷键Ctrl+T变换图像大小,并将其放至于画面合适的位置,按住Alt键并单击鼠标左键,创建其图层剪贴蒙版。

30 制作界面上的应用图标的文字

单击横排文字工具,设置前景色为白色,输入所需文字,双击文字图层,在其属性栏中设置文字的字体样式及大小,并将其移至界面应用图标上合适的位置。

31 继续制作界面上的应用图标的文字

单击横排文字工具,设置前景色为白色,输入所需文字,双击文字图层,在其属性栏中设置文字的字体样式及大小,并将其移至界面应用图标上合适的位置。

32 继续制作界面上方图标对应的文字

单击横排文字工具,设置前景色为白色,输入所需文字,双击文字图层,在其属性栏中设置文字的字体样式及大小,并将其移至界面应用图标上合适的位置。

33 继续制作界面上的应用图标的文字

单击横排文字工具 T., 设置前景色为白色, 输入所需文字, 双击文字图层, 在其属性栏中设置文字的字体样式及大小, 并将其移至界面应用图标上合适的位置。

34 继续制作界面上的应用图标的文字

单击横排文字工具 T., 设置前景色为白色, 输入所需文字, 双击文字图层, 在其属性栏中设置文字的字体样式及大小, 并将其移至界面应用图标上合适的位置。

35 继续制作界面上的应用图标的文字

单击横排文字工具 T., 设置前景色为白色, 输入所需文字, 双击文字图层, 在其属性栏中设置文字的字体样式及大小, 并将其移至界面上应用图标上合适的位置。

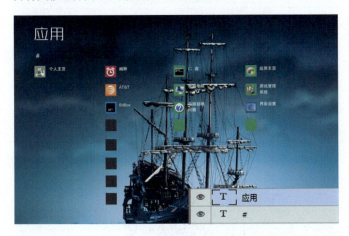

36 将画面制作完成

单击"创建新的填充或调整图层"按钮 ., 在弹出的菜单中选择"色相/饱和度"选项并设置参数, 调整画面的色调。至此, 本实例制作完成。

设计小结

1. 制作电脑界面上的图标, 注意其整体界面的编排。
2. 制作电脑界面图标, 注意制作其图标的一致性以及制作信息的一致性。

实战 2 矢量插画主题电脑应用和图标

设计思路：

本节中的实例是制作矢量插画主题电脑应用和图标。前面先通过矢量插画主题图标的制作了解电脑桌面矢量插画图标的制作过程，后面制作矢量插画主题电脑应用，通过使用深蓝的背景使制作的透明图标界面更加突出。再结合图标的制作将其放置于应用中，使其前后呼应以很好地向读者展现矢量插画主题电脑应用和图标之间的关系。

● **设计规格：**

尺寸规格：2048×1536（像素）
尺寸规格：58×58（像素）
使用工具：圆角矩形工具、矩形工具、文字工具
源　文　件：第7章\Complete\矢量插画主题图标.psd
　　　　　　第7章\Complete\矢量插画主题电脑主题应用.psd
视频地址：视频\第7章\矢量插画主题图标.swf
　　　　　　视频\第7章\矢量插画主题电脑主题应用.swf

● **设计色彩分析**
通过使用深蓝的背景使制作的图标界面更加突出。

（R1、G19、B37）　（R63、G111、B111）　（R32、G52、B87）

方法1：矢量插画主题图标

01 新建空白图像文件

执行"文件>新建"命令，在弹出的"新建"对话框中设置各项参数及选项，完成后单击"确定"按钮，新建空白图像文件。

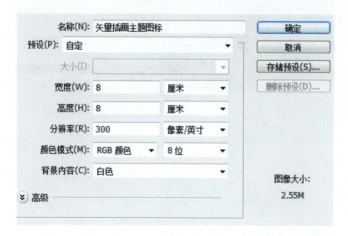

02 制作图标背景

设置前景色为深蓝灰色（R32、G52、B87），按快捷键Alt+Delete，填充背景色为深蓝灰色。

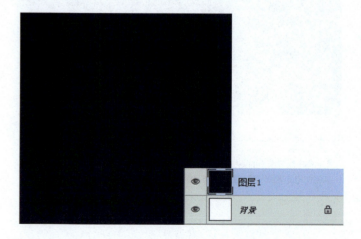

03 制作图标底部的圆角矩形

单击圆角矩形工具 ◉，在其属性栏中设置其"填充"为蓝色到白色再到蓝灰色再到深紫色继续到蓝灰色到白色到淡灰色的线性渐变，"描边"为无，在画面中绘制圆角矩形，得到"圆角矩形1"。

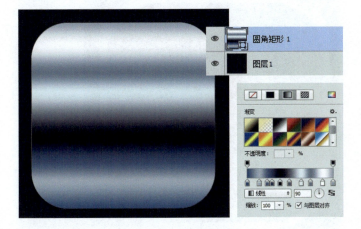

04 继续制作图标上的圆角矩形

继续使用矩形工具 ◉，在绘制好的圆角矩形上绘制圆角矩形，得到"圆角矩形2"。单击"添加图层样式"按钮 fx，选择"斜面和浮雕"选项并设置参数，制作图案样式。制作图标上的圆角矩形。

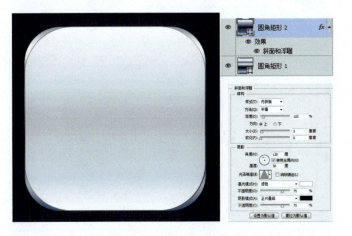

05 继续绘制圆角矩形图标上的圆角矩形

继续使用矩形工具 ◉，在其属性栏中设置其"填充"为亮灰色，"描边"为无。在绘制好的圆角矩形上绘制圆角矩形，得到"圆角矩形3"。

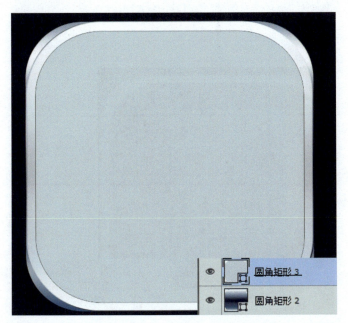

06 制作图标上圆角矩形的图层样式

在绘制好的"圆角矩形3"上，单击"添加图层样式"按钮 fx，选择"内阴影"选项并设置参数，制作图案样式。

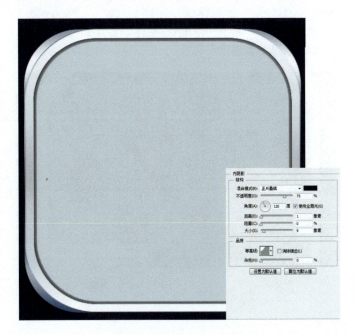

07 继续制作图标上圆角矩形的图层样式

在绘制好的"圆角矩形3"上,单击"添加图层样式"按钮 fx.,选择"投影"选项并设置参数,制作图案样式。

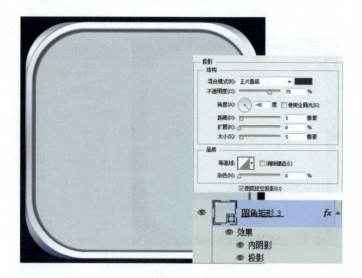

08 制作图标上的背景

打开"12.jpg"文件。拖曳到当前文件图像中,生成"图层2",适当调整大小,按住Alt键并单击鼠标左键,创建其图层剪贴蒙版。

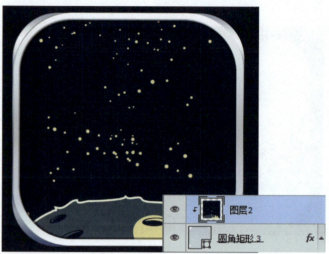

09 继续制作图标上的图案

打开"13.png"文件。拖曳到当前文件图像中,生成"图层3",在其"图层"面板上设置其"不透明度"为63%。按快捷键Ctrl+J复制得到"图层3副本",使用快捷键Ctrl+T变换图像大小,并将其放至于画面合适的位置。按住Alt键并单击鼠标左键,创建其图层剪贴蒙版。

10 创建"色相/饱和度1",调整画面色调

单击"创建新的填充或调整图层"按钮 ⊘.,在弹出的菜单中选择"色相/饱和度"选项并设置参数,单击图框中"此调整影响到下面的所有图层"按钮 ⤓ 创建其图层剪贴蒙版,调整画面的色调。

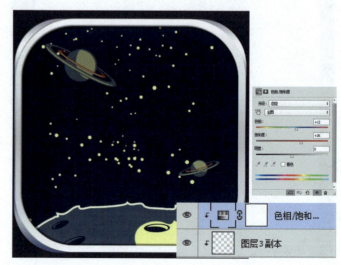

11 创建"色相/饱和度2",调整画面色调

单击"创建新的填充或调整图层"按钮,在弹出的菜单中选择"色相/饱和度"选项并设置参数,调整画面的色调。

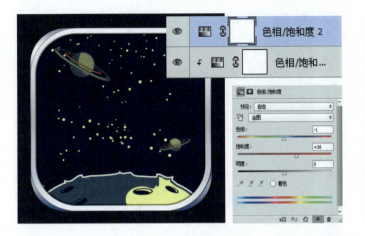

12 制作图标上的图案

打开"14.png"文件。拖曳到当前文件图像中,生成"图层4",使用快捷键Ctrl+T变换图像大小,并将其放至于画面合适的位置。

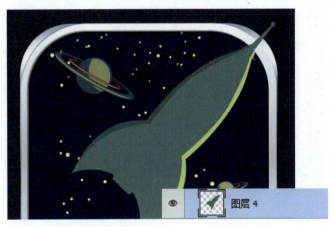

13 制作火箭下面的光感

新建"图层5",将其放置于"图层4"的下方,设置前景色为白色,单击画笔工具,选择柔角画笔并适当调整大小及透明度,在图层上适当涂抹,制作火箭下面发光的效果。

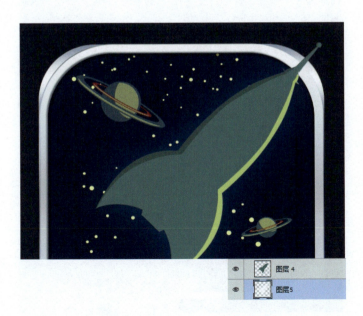

14 制作火箭下方的图形及样式

回到"图层4",新建"图层6",单击钢笔工具,在其属性栏中设置其属性为"路径",在画面上绘制火箭图案下方的形状并将其填充为红色,完成后取消选区,创建"外发光"图层样式。

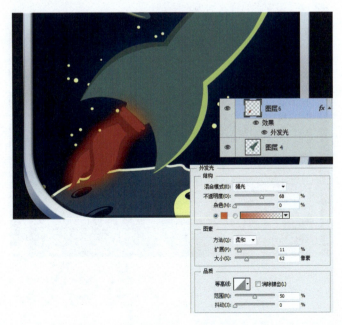

创意UI Photoshop玩转图标设计（第2版）

15 绘制火箭下方图案
新建"图层7"，单击钢笔工具，在其属性栏中设置其属性为"路径"，在画面上绘制火箭图案上面的图案，按快捷键Ctrl+D取消选区。

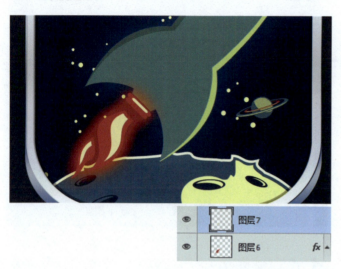

16 绘制火箭两侧图案
新建"图层8"，单击钢笔工具，在其属性栏中设置其属性为"路径"，在画面上绘制火箭图案两侧箭翼的图案，按快捷键Ctrl+D取消选区。

17 继续制作图标上的图案
打开"15.png"文件。拖曳到当前文件图像中，生成"图层9"，使用快捷键Ctrl+T变换图像大小，并将其放至于画面合适的位置。设置混合模式为"滤色"。

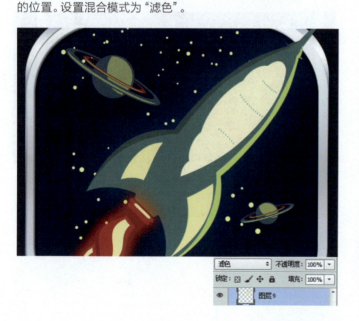

18 将图标制作完成
新建"图层10"，使用椭圆选框工具，在界面上绘制椭圆选区并适当地填充颜色，制作火箭上的图案，选择所有火箭图层，按快捷键Ctrl+G新建"组1"。至此，本实例制作完成。

方法2：矢量插画电脑主题应用

01 新建空白图像文件

执行"文件>新建"命令，在弹出的"新建"对话框中设置各项参数及选项，完成后单击"确定"按钮，新建空白图像文件。

02 制作画面背景

设置前景色为深蓝色（R32、G52、B87），按快捷键Alt+Delete，填充背景色为深蓝色。

03 在画面背景上绘制斑点

新建"图层1"，设置前景色为淡黄色（R248、G156、B148），单击画笔工具，选择柔角画笔并适当调整大小，在图层上适当地绘制斑点。

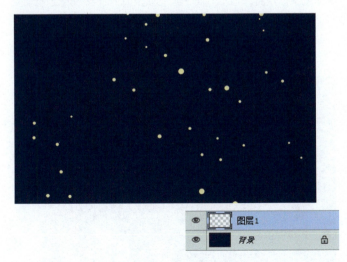

04 执行"文件>打开"命令，打开"01.png"文件。拖曳到当前文件图像中，生成"图层2"，使用快捷键Ctrl+T变换图像大小，并将其放至于画面合适的位置。

05 制作界面下方的提示栏

使用矩形工具■，在其属性栏中设置其"填充"为蓝色，"描边"为无，在界面下方绘制矩形，得到"矩形1"。单击"添加图层样式"按钮 fx，选择"斜面和浮雕"选项并设置参数，制作图案样式。新建"图层3"，继续使用画笔工具 ✓ 选择柔角画笔并适当调整大小，在图层上适当地绘制斑点。按住Alt键并单击鼠标左键，创建其图层剪贴蒙版。

06 制作界面上的火箭图案

打开"矢量插画主题图标.psd"文件，拖曳到当前文件图像中，生成"组1"，使用快捷键Ctrl+T变换图像大小，并将其放至于画面合适的位置。

07 继续制作界面上的图案

执行"文件>打开"命令，打开"02.png"文件。拖曳到当前文件图像中，生成"图层11"，使用快捷键Ctrl+T变换图像大小，将其放至于画面合适的位置，并在其"图层"面板上设置其"不透明度"为35%。

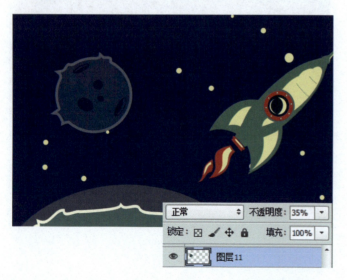

08 制作界面上的图标

依次打开"03.png"到"09.png"文件。拖曳到当前文件图像中，生成"图层12"到"图层18"，依次使用快捷键Ctrl+T变换图像大小，并将其放至于画面合适的位置。

第 7 章　玩转图标应用

09 制作界面上图标下方的文字
单击横排文字工具，设置前景色为白色，输入所需文字，双击文字图层，在其属性栏中设置文字的字体样式及大小，并将其放至于画面图标下方合适的位置。

10 制作电脑界面上的圆角矩形框
单击圆角矩形工具，在其属性栏中设置其"填充"为蓝色，"描边"为无，在界面上绘制电脑界面上的圆角矩形框，单击"添加图层样式"按钮，选择"斜面和浮雕"选项并设置参数，制作图案样式。

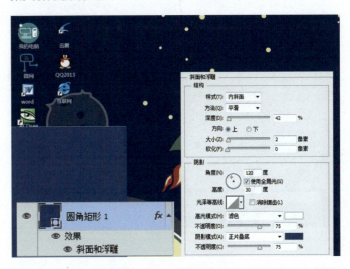

11 制作电脑界面上圆角矩形框里的圆角矩形框和图案
继续使用圆角矩形工具，在其属性栏中设置其"填充"为淡蓝色，"描边"为无，在绘制好的圆角矩形界面上继续绘制圆角矩形框并创建"斜面和浮雕"图案样式。按住Shift键并选择"图层12"到"组1"，按快捷键Ctrl+J复制得到其副本，并按快捷键Ctrl+E将其合并得到"图层1副本"，将其移至图层上方，按住Alt键并单击鼠标左键，创建其图层剪贴蒙版，并设置"不透明度"为63%。

12 继续绘制圆角矩形框里的圆角矩形框
继续使用圆角矩形工具，在其属性栏中设置其需要的"填充"，在绘制圆角矩形里继续绘制圆角矩形，得到"圆角矩形3"和"圆角矩形4"，并将其放置于合适的位置。

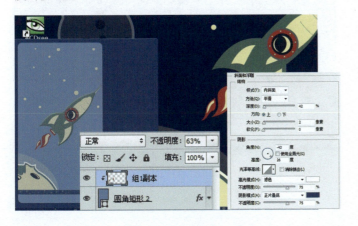

289

13 继续绘制圆角矩形框里的圆角矩形框

继续使用圆角矩形工具，在其属性栏中设置其"填充"为蓝色，"描边"为无，在绘制好的圆角矩形界面上继续绘制圆角矩形框，单击"添加图层样式"按钮，选择"渐变叠加"选项并设置参数，制作图案样式。

14 在画面上继续绘制斑点

新建"图层19"，设置前景色为淡黄色（R248、G156、B148），单击画笔工具，选择柔角画笔并适当调整大小，在图层上适当地绘制斑点。在其"图层"面板上设置其"不透明度"为52%，增加画面中斑点的层次效果。

15 制作电脑界面上的图标元素

依次打开"10.png"和"11.png"文件。拖曳到当前文件图像中，生成"图层20"和"图层21"，依次使用快捷键Ctrl+T变换图像大小，并将其放至于画面合适的位置。选择"图层21"设置混合模式为"浅色"。

16 继续制作电脑界面上的图标元素

新建"图层22"，使用多边形套索工具绘制界面上的按钮图标，并将其填充为黑色，然后按快捷键Ctrl+D取消选区。单击"添加图层样式"按钮，选择"描边"选项并设置参数，制作图案样式。按快捷键Ctrl+J复制得到"图层22副本"，并更改其颜色删除图层样式，将其放置于画面上合适的位置。

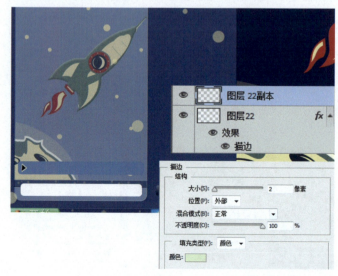

17 继续制作电脑界面上的图标元素

新建"图层23",分别使用椭圆选框工具 和多边形套索工具 ,在画面上绘制需要的形状,并将其填充为黑色,按快捷键Ctrl+D取消选区。在其"图层"面板上设置其"不透明度"为70%。

18 制作界面上的文字

单击横排文字工具 ,设置前景色为需要的颜色,输入所需文字,双击文字图层,在其属性栏中设置文字的字体样式及大小,将其放至于画面合适的位置。

19 制作界面上的矩形条

使用矩形工具 ,在其属性栏中设置其"填充"为蓝色,"描边"为无,在界面上绘制的圆角矩形框上绘制矩形得到"矩形2",将其放置于界面框上合适的位置。在其"图层"面板上设置其"填充"为16%。

20 将画面制作完成

选择"矩形2",按快捷键Ctrl+J复制得到"矩形2副本",并使用移动工具 。将其移至画面上合适的位置。至此,本实例制作完成。

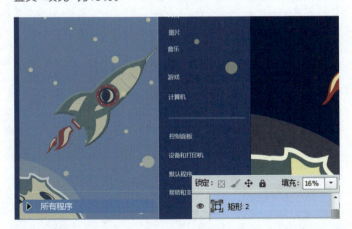

设计小结

1. 单击"添加图层样式"按钮 ,选择"渐变叠加"选项并设置参数,制作渐变叠加图案样式。
2. 单击横排文字工具 ,设置需要的前景色,输入所需文字,双击文字图层,在其属性栏中设置文字的字体样式及大小,将其放置于画面上合适的位置,制作界面上需要的文字。

附 录

在对如何使用 Photoshop 制作各种类型的图标和应用之后,下面将为大家补充讲解图标设计的资源共享、图标与应用的关系及图标设计中的 10 种错误,使大家对图标设计的整个体系有一个更加深入和完整地了解。

01　资源共享

移动 App 图标设计中资源共享是基于网络的资源分享，是众多的网络爱好者不求利益，把自己收集的一些精致图标通过一些平台共享给大家的一种资源交流方式。下面将从移动 App 精致图标欣赏、电脑桌面精致图标欣赏以及你所需要的图标分层素材共享三个方面为读者详细讲解移动 App 图标设计中资源共享的设计需求。

移动 App 精致图标欣赏

随着移动 App 的普及，越来越多的人会下载来自应用商店的程序，无论是 iOS 系统或安卓系统。而对一款程序的第一印象，无疑就是它的图标 UI 设计。用户不会根据应用所使用的技术、API 的数量或是应用代码有多优秀等因素来评判一个应用程序的好坏。用户评判应用好坏的标准，是这个应用能为他们做什么以及应用给他们带来的使用体验。用户在使用应用的时候，希望能得到简单的使用体验。下面是收集的作品，我们一起来欣赏一下吧。

移动 App 精致图标欣赏

> **小编分享**
>
> 应用的图标是用户对应用的第一印象。在图标设计上，你必须保持高水准，并且与众不同。当用户在App Store中看到应用的图标时，他们就会根据看到的图标来推测应用的使用体验。如果图标看上去很优美精致，用户就会下意识地认为这个应用能够给他带来优秀的使用体验。

移动 App 精致图标设计技巧 1：形状独特

以下图标各不相同，有的使用了大量的颜色，有的使用了梯度颜色。但是它们都有一个共同点，那就是使用了简单的形状。这种设计能够让用户立即记住这个应用。

移动 App 精致图标设计技巧 2：谨慎选择颜色

要限制应用颜色的色调，使用 1~2 个色调的颜色就足够了，颜色过多的图标不容易吸引用户。

移动 App 精致图标设计技巧 3：避免使用照片

不要在图标设计中使用照片，Sipp 的应用就是一个很好的例子。当使用的照片作为应用图标时，会给用户简陋的感觉。而在经过设计后，一种优雅感会让用户对这个应用产生兴趣。

移动 App 精致图标设计技巧 4：不要使用太多文字

图标中不出现文字是最理想的情况。应用中只应该出现 Logo，而不要将应用的全称添加进去。请仔细观察 Ness、Pocket、Vine、Snapguide 和 Pinterest 这些应用的图标设计，如果将应用名称添加到图标中，则会给人一种凌乱的感觉。

移动 App 精致图标设计技巧 5：让图标内的元素变得精致

著名的图标设计机构 Ramotion 设计的应用图标,最终的效果展示了 Ramotion 的设计功力。Turnplay 是一个音乐播放器应用,其 UI 模仿了老式的唱盘播放机,而细节方面,他们则试图在唱盘上勾勒出指纹的图案。最终他们采取了简单的外边框,中间是唱盘播放器的转盘。

Turnplay精致图标设计

唱盘播放器精致图标按钮

App 图标就好像 App 应用的名片一般,将开发商的应用直接呈现在用户面前。好的 App 图标设计,能很好地激起用户下载使用该 App 应用的欲望。图标设计的确很微小,但其作用却是相当大的。我们一起来看看这些精致的 App 图标吧!

精致的App图标设计欣赏共享

电脑桌面精致图标欣赏

制作图标是非常需要耐心的细活。因为图标的大小相对来说很小,不过构造并不简单,尤其在质感和光感方面非常讲究,需要把较小面积的高光和暗调刻画出来,这是要花一定工夫的。下面就一起来欣赏一下电脑桌面精致图标。

苹果电脑桌面图标共享

这套天气样式的桌面图标包含了常见的天气形态,半透明状,十分可人,是一套非常值得收藏的作品。若你是网页制作者,这套图标也非常适用于网页上的设计!

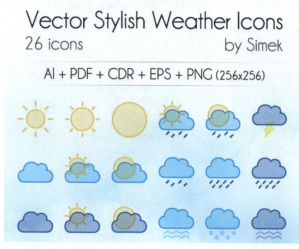

电脑桌面精美天气图标

电脑桌面精致图标共享的并不是很多，下面是各大电脑桌面精致图标欣赏，我们共同分享吧！

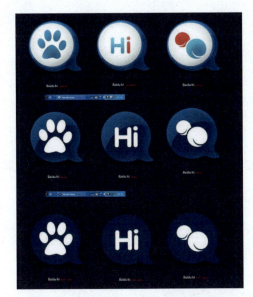

电脑桌面精致图标共享欣赏

你所需要的图标分层素材共享

图标分层素材共享主要是在所需要的分层素材网站上分享图文设计资源，是图层文件、是图文教程、图文软件的接收及下载的一个过程，分层素材共享可以帮助用户的制作和设计更加完整和具有创意。

下面将为读者朋友们简单地介绍一些图标分层素材共享的网站，以便帮助读者朋友们更好地下载和制作图标。

站酷网，中国最具人气的大型综合性"设计师社区"，聚集了中国绝大部分的专业设计师、艺术院校师生、潮流艺术家等年轻创意设计人群。现有注册设计师/艺术家200万，日上传原创作品6000余张，3年累计上传原创作品超过350万张，是中国设计创意行业访问量最大、并最受设计师喜爱的大型社区。

站酷网

站酷网图标分层素材共享

昵图网成立于 2007 年 1 月 1 日，是中国第一设计 / 素材网站、原创图片素材共享平台。昵图网的图片基本上都很大，在 2000 以上的 dpi 像素，且都是经过精心挑选的。上传你自己的好图片去换取积分，你的图片一旦被采纳，会获得共享分；如果被别人下载，你还可以获得共享。尽量多找些好图片上传，可以下载更多更好的图片。

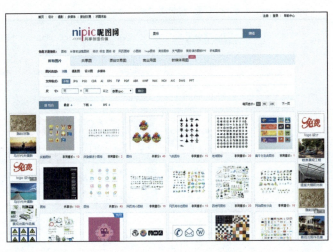

昵图网

昵图网图标分层素材共享

小编分享

昵图网版权问题
昵图网站内所有素材图片均由网友上传而来，昵图网不拥有此类素材图片的版权。昵图网内标明版权为"共享""昵友原创""原创作品出售"等图片素材均由网友上传用于学习交流之用，勿作他用；若需商业使用，需获得版权拥有者授权，并遵循国家相关法律、法规之规定。如因非法使用引起纠纷，一切后果由使用者承担。

创意UI Photoshop玩转图标设计（第2版）

我图网于2008年8月8日兴建，属于"图客"型网站，主要经营正版设计稿、正版摄影图、正版插画、正版3D模型、正版Flash源文件等。

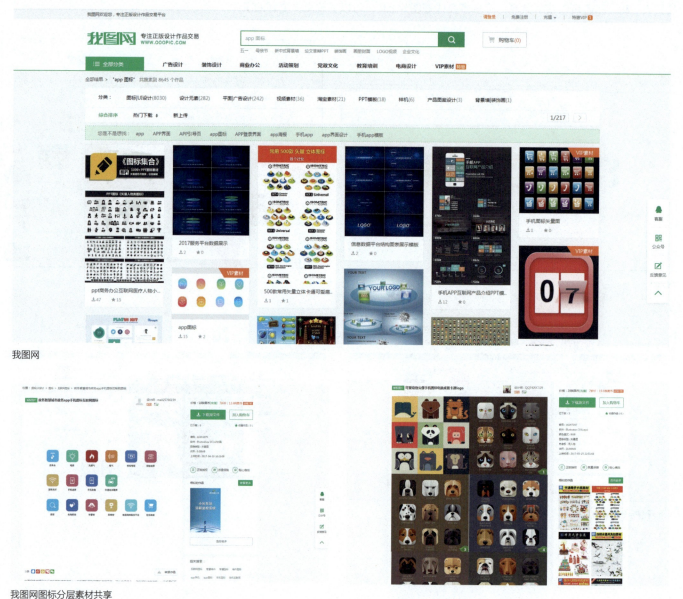

我图网

我图网图标分层素材共享

小编分享

相比于网络相册，我图网具备完善的交流空间与平台——图片库，我图网现有一万多名兼职设计师，设计稿/图片数近80万，每天增加的高质量设计稿/图片大概有2000张。用户可以第一时间看到设计师的最新作品以及内容丰富的我图论坛。我图网为用户们创造了一个活跃、轻松的交流学习空间。

02　移动 App 图标与应用的关系

移动 App 图标与应用有着密不可分的关系。在 App 应用的界面设计中，首先展示在人们眼前的就是那些 App 图标，一个出色的图标是让用户过目不忘，印象深刻的。现代人常说的移动 App 应用，一般指手机和平板电脑的移动应用。图标和应用是相辅相成的。

发现图标

图标是用户和 App 的首次接触，App Store 里一个显眼、形象的图标会吸引用户的注意，如果图标不够醒目，那么 App 也不能引起用户的兴趣，App 也就很快会被淹没。

显眼、形象的图标

App 图标设计的工作甚至可以被量化，比如干净、鲜明、大胆，很少或者几乎不用文本信息以及简单的形象。太多文本信息令人生厌，在图标上添加应用名称也是多此一举。

文本信息适宜的图标

小编分享

每款应用都应该重视它的图标设计，因为很多用户在下载应用的时候会首先看到App图标，好看的图标能吸引用户去点击或下载。如在iPhone/iPad图标中，大部分图标使用了拟物化设计，十分吸引眼球。除此之外，设计师展示图标的背景也非常不错，和图标本身十分搭配。

一些 App 很好地利用了图标的边框，还有些 App 表面看起来很一般，也不引人注目，但若仔细观察，你会发现它们因为内容诉求准确而脱颖而出。

利用边框制作出来的具有一定效果的App图标　　　　　　　　　　简单大方的App图标

当项目需要一个图标来展示 App 时，通过社交媒介方式获得是个不错的选择。

社交媒体图标

App 图标设计当然很重要，但是图标不是应用成功与否的决定者。不管应用图标设计如何，足够多的推广可以让 App 击倒用户评分，从而让 App 脱颖而出。

精致的App图标设计

02　移动 App 图标与应用的关系

移动 App 图标与应用有着密不可分的关系。在 App 应用的界面设计中，首先展示在人们眼前的就是那些 App 图标，一个出色的图标是让用户过目不忘，印象深刻的。现代人常说的移动 App 应用，一般指手机和平板电脑的移动应用。图标和应用是相辅相成的。

发现图标

图标是用户和 App 的首次接触，App Store 里一个显眼、形象的图标会吸引用户的注意，如果图标不够醒目，那么 App 也不能引起用户的兴趣，App 也就很快会被淹没。

显眼、形象的图标

App 图标设计的工作甚至可以被量化，比如干净、鲜明、大胆，很少或者几乎不用文本信息以及简单的形象。太多文本信息令人生厌，在图标上添加应用名称也是多此一举。

文本信息适宜的图标

小编分享

每款应用都应该重视它的图标设计，因为很多用户在下载应用的时候会首先看到 App 图标，好看的图标能吸引用户去点击或下载。如在 iPhone/iPad 图标中，大部分图标使用了拟物化设计，十分吸引眼球。除此之外，设计师展示图标的背景也非常不错，和图标本身十分搭配。

App 从图标到应用

在下载 App 图标时，单击该 App 图标便可得到其应用。

App 从图标到应用

03　图标设计中的 10 种错误

　　App 图标设计正经历着一个过渡阶段。一方面,屏幕分辨率在增长,图标品质也应提高;另一方面,我们仍拥有好的旧款图标,以至于小的图标仍在被广泛使用。所以,小编在这里为大家介绍一下在图标设计中很容易被观察到的错误。

　　1.图标间差异不充分。一些图标看起来很像,这让人很难分辨出哪个是哪个。如果你不注意说明,就会很容易把这些图标混在一起。

图标间的差异不充分

　　2.图标中元素过多。App 图标越简单、简洁,就越好,把一个图标中的元素控制到尽可能少的数量是很可取的。

简单生动但能表现内容的图标

　　3.不必要的元素。图标应该被轻松识读,图标元素越少越好,最好让整个图像具有相关性,而不只是一部分。因此,用户必须注意使用这些图标的环境。

　　4.一套图标的风格缺乏一致性。图标风格上的一致使得多个图标称为一套。一致性可以是以下的任何一种,色彩设计、透视、大小、绘画技巧或以上多种的结合。如果一套中只有一些图标,那么设计者可以把一些规则记在脑中。可是如果一套中有许多图标,或者有好几个设计者在绘制,那么就要制定一些特别的规则。这些规则需要从细节描述如何绘制图标,从而使其契合这个系列。有一种设计方法,可以确保图标的表现和软件具有连续性,方法是启动图标的设计运用和应用程序界面图形相匹配的设计元素。

5. 小图标中使用不必要的透视和阴影。事物一直在发展，现在的界面中已经可以呈现出半透明物体了。没有了颜色使用数量的限制，目前有向 3D 图标发展的趋势。

精致的图标设计

6. 过于原创的隐喻。在选择图标表现内容时，要兼顾易识别性和原创性。在使用一个隐喻前，要先看看它在其他产品中的表现是否明智。图标设计最好的方式也许不是选择原创而是接受已有的方法。运用视觉隐喻的同时，需要保证图标的可识别性。

精致但辨识度不高的应用

7. 没有考虑国家和社会特征。考虑你的图标将被运用到的环境是十分必要的，一个重要的方面就是国家特征，文化传统、环境和手势在不同国家的意思可能完全不同。

8. 在图标中单纯使用界面化图标。图标创作告诉我们："避免在你的图标中使用界面元素，它们会使真正的界面元素感到困惑。"

> **小编分享**
>
> 知名品牌的应用程序设计
> 如果你正在设计一个知名品牌的应用程序，请恰当使用它的品牌LOGO！生活中，这些品牌标志已经留给用户很深刻的印象，非常容易从众多App的图标中胜出。因此，在设计知名品牌的App启动图标时，应该充分使用它的品牌LOGO。不管你想设计成什么，不要浪费了一个知名品牌的现有的元素！

9. 图标中的文字。首先，它受限于语言而阻碍了本土化。其次，如果图标很小，读出文字就很难。最后，在有应用程序图标存在的情况下，这个文字在应用程序名字中重复了。

具有文字的图标设计

10. 边沿像素。作为一个规则,这个问题在你使用矢量绘图工具绘图时就存在。在大的尺寸下,图标都很精致和清楚。但实际上这些图标很小,并且物体边沿需要完成反锯齿栅格化处理。

高像素精致的图标